U0303199

大地上的宝石——生石花的秘密

〔美〕史蒂文·哈默（Steven A. Hammer）　著

〔美〕克里斯托弗·巴恩希尔（Christopher Barnhill）　摄影

孙祖光　译　　杨明烽　审校

商务印书馆
创于1897　The Commercial Press

Steven A. Hammer, Christopher Barnhill (photographs)

Lithops—Treasures of the Veld

以深情的敬意献给赫米娅斯·肯尼迪（Hermias Kennedy）

格哈德·马克斯（Gerhard Max）绘图

格哈德·马克斯和约翰·特拉格（John Trager）其他照片

以及乔纳森·克拉克（Jonathan Clark）的关键词索引改进

全书介绍

生石花，被誉为"活着的石头"，对于来观赏和购买花卉的普通大众来说，它在多肉植物中的辨识度是最高的，但却不是最容易侍弄的。

在这本英国仙人掌和多肉植物协会（British Cactus and Succulent Society, BCSS）出版的书中，史蒂文·哈默用让人耳目一新的词汇和生动如画的文笔向我们展现了这些玲珑娇小的"宝石"的历史；描绘了其生境，了解此点是进行栽培的前提；说明了其分布；介绍了它们拟态以隐藏到周围环境中去的特性；并提示了我们生石花在野生状态下所接受的降水量。

他指导我们如何在温室里更好地培育这些植物，内容包括从授粉到播种育苗，以及从光照条件到休眠期管理等。

克里斯托弗·巴恩希尔精美的摄影，让读者目不暇接地欣赏了各种生石花的标准照。为避免花瓣覆盖生石花本身，照片大多不带花，但有专门部分展现盛花中的"石头"。照片附了各个种的描述、分布和其他备注，如对本种的园艺种的观察所见等。

目 录

全书介绍 iii

初版序言 001

再版序言 003

中文版序言 003

引 言 005

致 谢 006

财富和热情的纠缠：一段微历史 009

科尔植物以及它们的流散 013

削减的数据库 014

原生地的生石花 015

浅说地图 029

捉迷藏 034

像石头一样干燥？ 036

度过很多个夏天后…… 037

收集、保存和发现 040

坏种子？ 041

颜色和血统 042

生石花的种植 044

八月的光照 049

如何正确上盆 050

授粉，耐心，辛勤的"刷粉工" 053

播种和催苗 054

病虫害和缓解方法 058

老叶下的尤物 060

生石花和它们的演变 061

繁琐的系统分类或有序的园艺分类 063

描述和不会出现的特征 072

对于照片的一些说明 076

名词解释 077

冠 名 082

种的介绍

日轮玉系 084

柘榴玉系 089

彩妍玉系 092

太古玉系 094

神笛玉系 095

宝翠玉系 098

丽虹玉系 102

古典玉系 103

微纹玉系 105

源氏玉系 108

双眸玉系 111

荒玉系 112

巴厘玉系 116

青磁玉系 120

蛇纹玉系 121

富贵玉系 122

寿丽玉系 129

花纹玉系 135

紫勋玉系 142

碧琉璃玉系 149

茧形玉系　　　　　　　151

菊水玉系　　　　　　　155

瑙琳玉系　　　　　　　157

橄榄玉系　　　　　　　158

大内玉系　　　　　　　162

大津绘系　　　　　　　164

曲玉系　　　　　　　　167

留蝶玉系　　　　　　　175

李夫人玉系　　　　　　178

招福玉系　　　　　　　180

翠娥玉系　　　　　　　185

碧赐玉系　　　　　　　186

朝贡玉系　　　　　　　189

臼典玉系　　　　　　　192

美梨玉系　　　　　　　194

云映玉　　　　　　　　195

新增的分类和园艺种

新增分类　　　　　　　200

新增园艺种　　　　　　202

附录1：生石花的奇幻故事　212

附录2：答疑专栏　　　　214

附录3：海伦玉简史　　　219

附录4.1：生石花概表　　220

附录4.2：精简的异名　　222

附录4.3：年代表　　　　226

附录5：N. E.布朗的生石花收藏　229

附录6：阿尔伯特斯·盖尔的
　　　生石花授课记录　　232

附录7：生石花属种子尺寸　241

附录8：生石花检索表　　243

参考文献　　　　　　　253

生石花名称索引　　　　254

生石花的商业来源　　　262

开心的编后记　　　　　263

英国仙人掌和多肉植物协会　265

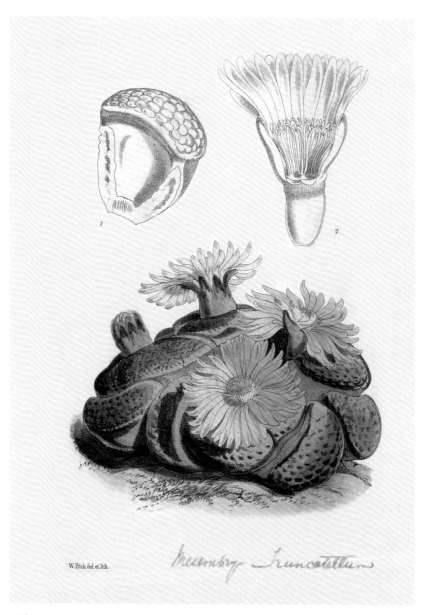

W.Fitch del et.lith.

手绘上色的 *Mesembryanthemum truncatellum*（即后来的生石花属的富贵玉，*Lithops hookeri*）。这张图片是英国邱园的 N. E. 布朗发送给 J. T. 贝茨的。引自：Curtis's Botanical Magazine vol. 100 t. 6077, 1874.（Courtesy of the Rowley archive）

　　　　大地上的宝石——生石花的秘密

第一次见到史蒂文·哈默是在 1982 年 8 月。他和他的老朋友贝蒂·艾西（Betty Athy）在取道南非到英国的途中，参观了我们在布莱顿（Brighton）的收藏。我还记得那时他那连珠炮般的语速。关于这次会面，他仍然对一棵品相良好的橘黄色的舞岚玉（*Lithops gracilidelineata* subsp. *brandbergensis*）和一块光鲜的巧克力蛋糕记忆犹新。当时，我完全没有意识到这次会面以及哈默先生对我的影响会持续整整二十年！

两年前，我第一次建议英国仙人掌和多肉植物协会再出版一本关于生石花的书，因为先前布赖恩·费恩（Brian Fearn）写的那本几乎已经售罄了。我确信这本书会很受欢迎，而且，史蒂文·哈默作为资深的生石花养殖专家，很合适来写这本书。当我联系他时，起先他有些犹豫，因为关于生石花似乎没有多少新的东西可写，因为德斯蒙德·科尔教授（Desmond Cole）基于他 30 多年野外生石花研究和培育的生涯，已经在 1988 年撰写的大作中对生石花有了详尽的描述。可惜的是他的作品早已绝版多年了，存世的数量也少之又少。史蒂文最后决定，如果从生石花园艺栽培入手，他也许能写出一些新的东西来。通过他的作品，我们重新认识了生石花最稀有的种，以及最新的园艺信息，还有培育过程中容易出现的问题的最新解决方案。他赋予了生石花新的生命，并使我们欣赏到了五彩缤纷、琳琅满目的生石花。

史蒂文，用他自己的话来说，就是一个摄影"菜鸟"。幸运的是，他的朋友克里斯托弗·巴恩希尔则相反。克里斯托弗用了一年多的时间来给史蒂文的文字配上精美绝伦的图片。此外，另一位生石花养殖专家格哈德·马克斯（Gerhard Marx）的精美绘图以及乔纳森·克拉克（Jonathan Clark）对生石花属的关键词索引改进版（原始版本发布于：*Bradleya* 14: 1-9 (1996)），进一步丰富了这本书的内容。

史蒂文写得又多又好，令我叹服不已。我想他超凡的视觉记忆能力一定帮了大忙，他拥有的成千上万的非同寻常的植株也功不可没，更不用提，他在南非的丰富经历和他遍布世界的朋友们的支持了。

史蒂文并不是植物学专业出身，反而是一个有天赋的钢琴家。但早在1962年，当时只有11岁的他对巴赫（钢琴家）的热爱转向了番杏科植物。毫不意外地，这种热爱是从生石花和肉锥开始的。然后他开始痴迷于灌木状番杏和其他多肉植物。最终，植物占据他的全部生活。

从1986年开始，史蒂文对《番杏研究小组简报》（*Mesemb Study Group Bulletin*）倾注了热情。他的多思睿智、敏锐观察以及生活情趣使这份出版物和番杏研究小组硕果累累。同时，他还为《仙人掌及多肉植物杂志》（*Cactus and Succulent Journal*）、《芦荟》（*Aloe*）、《BCSS 年刊》（*Bradleya*）和《十二卷属》（*Haworthiad*）及其他的一些期刊写作。1993年，他还出版了那本广为人知、独特而影响深远的《肉锥花属图鉴》[1]。我希望这本新书能够使读者热爱植物的痴癖更加深重。

苏珊娜·梅斯
《番杏研究小组简报》编辑

---

1 *The Genus Conophytum: A Conograph.* ——译注

再版序言

在 1998 年写这本书的时候，我未曾想到它会大获成功，更未曾想到 12 年后，它还会再次出版。两次出版时间跨度之大意味着此书可以大幅修订。但是修订一个完美的版本会耗费大量的精力，同时也有可能删掉此书中一些看似无关痛痒的内容，而这些内容恰恰可能是此书的精华和瑕疵所在。因此，此版本仅纠正了一些拼写错误；另外，感谢汉莫拉比先生（Hammurabi）的努力校对。同时，此版本还引入了一些最新的分类和园艺种。*Lithops gesinae* 调整了它的元音字母[1]；*L. localis* 则保持原来的名字，即最老的有效命名。

我很感谢读者认可此书，也期待此书能为新的读者了解这个独特而又美丽的生石花属提供一些帮助。尽管对于生石花属有过很多精彩或者荒唐的分类，但是没有人会否认，生石花终究是生石花！我们很幸运能够和这些令人惊叹的植物共享同一个星球，同时也希望我们能更加努力地和这些植物和谐相处。

史蒂文·哈默

2010 年

中文版序言

20 年前，当我写这本书的时候，主要是针对英美读者，我压根儿就没想到过东方的读者，就像我的温室从来没有东方人来参观一样。在那个时代，日本确实产生了著名的生石花种植者，但是他们有自己独特的培育传统，似乎并不需要像

---

1 此名字由第一版的 *Lithops gesineae* 调整为 *Lithops gesinae*。——译注

我这样的人。韩国生石花种植者比日本更加稀少，至于中国，请原谅，当时我并没有意识到这里有生石花爱好者。

但是，就好像是太阳转到了地球的另一边，现在情况有了很大的变化。当前，中国的生石花种植者的数量超过了世界上的任何地方！自然地，这种新的平衡影响了生石花的种子和植株市场，也影响了生石花的潮流。下面有一些数据证明：在过去的几年中，参观我的温室的中国爱好者高达 124 人；相比之下，美国爱好者只有 18 人，墨西哥爱好者 5 人，英国爱好者仅有可怜的 3 人。

新的生石花种植者，无论他是不是中国人，都需要了解一些生石花的基本信息，如历史背景、种间区别，以及如何养好每个品种的建议。幸运的是，我这本写于 1997 年的书，虽然比较简短，但还能跟上历史的潮流。由于中国地域宽广，各个地区的气候都不尽相同，我在书中提及的一些种植经验只是笼统的建议，需要读者们根据当地的气候适当地改进。

一方水土孕育一方生石花，新的环境会给生石花带来崭新的一面。在中国，爱好者们已经培育出了一些惊艳的生石花，即通过人工诱导产生的新的变化体。随着生石花种植数量的增加，更多的变化体将会出现在国际舞台，更尖端的培育方法也将持续发明。我将有幸见证这个生石花新的发展历程。同时，书中提及的英国和德国的传统培育方式也将帮助读者们解决一些实际的困难。

最后，我还是要感谢这些美丽的生石花植株！

史蒂文·哈默

2017 年 10 月

　　生石花属这个话题，还有更多内容值得写吗？当然有很多，这个话题既往的著作繁多。当我接到撰写本书的邀约时就确信，下笔必会洋洋洒洒。但我不愿仅仅复述或摘录科尔那些精炼的文字，因为已经被广为认可的概念无需再次重复。尽管他的大作《生石花：开花的石头》（Lithops: Flowing Stone，1988）已经绝版，不易被求阅者获得，此作仍是经典。但仍有一些科尔未涉及的小点，比如：不同生石花种群的优势；某些生石花在培育过程中，特别是在北半球的环境下的异常表现；园艺种的培育等。

　　除了科尔的著作，还有很多散文以及诗歌描绘这些古灵精怪的植物。很多文章现在看似已经过时，但是还有很多仍颇为值得传诵。因而我必然要借鉴其中一些内容。比如尼尔（Nel）出版于1946年的《生石花》（Lithops），这本书的内容虽然是东拼西凑的，但是仍饱含其深远的见解；还有伊夫林·克雷默（Evelyn Kraemer）精美的水彩插图，让这本书变得美轮美奂。杰姆斯·吕克霍夫（James Lückhoff）对生石花的赞美之词，放在此处再合适不过，引入整段：

　　　　对我而言，生石花有一些特别吸引人的地方。它们适应环境的能力如此独特，它们生长的土地如此迷人，寻找生石花就像一场冒险——正如寻找宝藏一般。这一场冒险需要经验和进取精神。它们像宝石一样弥足珍贵。大多数生石花都是非常漂亮的，它们虽有不同，却非径庭之别。

　　施万特斯（Schwantes）在《开花的石头》（Flowering Stones，1957）一书中对生石花属有大量激情四射的评论，至今仍然是非常值得一读和有实用价值的。另外，他的植物学作品将歌德的目的论和眼光独特的生物学推论巧妙地融合在一起。施万特斯的著作非常出色，但他评估的生石花，很大程度上是基于生长在德国北部的植株。[1]

我会在后面的文章里提及一些，从 1957 年开始，出现的许多原生生境和科研性栽培的观察。另外，现在专业文献的数量已经超出许多收集者预期，这些文献并不都是晦涩难懂的。1960 年亨德里克·W. 德波尔（Hindrik W. de Boer）博士对生石花属理性的爱好催生了大量的论文。大部分论文是关于新分类的，但是德波尔同时还研究了生石花的属内变种和分析检索[2]。遗憾的是布瑞恩·费恩（Brian Fearn）和罗伯·华莱士（Rob Wallace）两位的重要论文仍然没有发表，但我有幸拜读了。我自己对于这篇文章的贡献是微弱的，非专业性的。我的贡献主要是基于从 1962 年开始的种植经验。从那时起，我不断重复或者再造在生石花的养殖过程中可能出现的每一个主要错误。而我成功地从种子开始培育了超过 500,000 株生石花，正是基于这样的经验，我能够给你们提供建议。人们常常会犯一些让自己伤心的错误，我会帮助你们抚平悲伤的心情，并拯救一些植物的生命。当然我愿意和你们分享我对于生石花的热情和一些养殖经验。

致　谢

很多年来，许多朋友都对我于生石花的爱好给予支持。我要特别感谢其中一些忠实支持者在我对生石花探索中的帮助。他们有的在文献上支持我，有的在实践中支持我，或者两者都有。我要感谢瑙琳·科尔（Naureen Cole）和德斯蒙德·科尔（南非），谢谢你们 20 年来和我保持通信，对我的热情招待，与我激烈地讨论，以及给我提供的种子。感谢戈登·罗利（Gordon Rowley，英国）允许我不断

---

[1]　作者委婉地指出了施万特斯的不足，施万特斯是德国人，他对德国北部栽培种的观察成果是令人满意的，但物种仅限于德国；而本书，则是基于生石花原生生境进行的论述。

[2]　检索详见附录 8。——译注

地查阅他精彩的文献和档案，正是在戈登提供的文献中，我找到了线索，证明了 *L. halenbergensis*[1]（海伦玉）的存在。感谢乔纳森·克拉克（英国）允许我在本书引用他发表在《BCSS 年刊》上的高效的生石花属关键词索引。感谢乔西·勃兰特（Jossie Brandt，南非）与我在格里夸[2]（Griekwastad）和普里斯卡[3]（Prieska）的旅行以及彼此间长久的共鸣，若非如此，所谓对植物的兴趣不过是一纸空谈。感谢罗尼·优吉斯（Ronnie Uijs，南非）提供的补充信息，以及野外作业的陪伴。感谢科杰（Kotje）和阿尔达·瑞雪特（Arda Retiet）（南非）陪伴我在纳马夸兰[4]（Namaqualand）进行了许多次愉快的旅行，其中一次野外骑行让我们发现了彩妍玉（*L. coleorum*）。感谢和米亚斯·肯尼迪（Mias Kennedy，南非）一起度过的美妙时光，和他提供的关于延长生石花观赏期的园艺经验。感谢泰蒂·维瑟（Tattie Visser，南非）关于乌平通（Upington）[5]的生石花的介绍。感谢与布鲁斯·拜耳（Bruce Bayer，南非）一起走过的许多旅途，一起进行过的许多讨论，和允许我参观卡鲁公园（Karoo Garden）的收藏品。感谢约翰·迪·图瓦（Johan du Toit，南非）陪同的在斯普林博克拉特[6]（Springbokvlakte）和理查德斯维德[7]（Richtersveld）的旅行。感谢拜斯·维斯（Buys Wiese，南非）提供给我信息，让我进入一些农场和接触一些农场主。感谢彼得·布鲁恩斯（Peter Bruynes，南非）提供的信息和提出的尖锐质疑，以及对紫宝翠玉变种（*L. divergens* var. *amethystina*）以及美梨玉（*L. viridis*）

1　详细见附录 3。——译注

2　格里夸位于南非的中部，为北开普省管辖的一个城镇，距离金伯利 150 公里，始建于 1812 年。——译注

3　普里斯卡是奥兰治河南岸的一个城镇，由北开普省负责管辖。——译注

4　纳马夸兰地理上指的是纳米比亚西南部到南非西北部的地区，南北长约 1000 公里，总面积约 44 万平方公里，以奥兰治河为界，北部为纳米比亚的大纳马夸兰（面积更大），南部为南非的小纳马夸兰。——译注

5　乌平通位于南非北部，为北开普省管辖的一个城镇，始建于 1873 年，每年平均降水量 189 毫米。——译注

6　斯普林博克拉特，位于南非东开普省。——译注

7　理查德斯维德是一片由高山和峡谷构成的多山荒漠，位于南非北开普省。——译注

的介绍。感谢埃米尔·赫尼斯（Emile Heunis，南非）提供的优选种子和参观青磁玉（*L. helmutii*）原产地的旅行。感谢苏珊娜（Suzanne）和托尼·梅斯（Tony Mace）（英国）的热情，以及他们组建的生态保护的电子论坛。感谢埃迪·哈里斯（Eddie Harries，英国）提供的翠娥玉（*L. × steineckeana*）。感谢第一个合作伙伴拉尔夫·休伊特（Ralph Hewitt，英国）。感谢彼得·普拉格（Peter Prager，美国）提供的电脑技术支持和无休止的编辑。感谢格雷厄姆（Graham）和弗朗索瓦·威廉姆森（Francoise Williamson）（南非）为我们介绍了蛇纹玉（*L. herrei*）、双眸玉（*L. geyeri*）、菊水玉（*L. meyeri*）和其他许多来自于理查德斯维德的美丽生石花。感谢史蒂文·布拉克（Steven Brack，美国）长期致力于收集科尔编号植株。感谢尼科·索尔（Niko Sauer，南非）与我一起前往的卡卡马斯[1]（Kakamas）和低海拔理查德斯维德地区的旅行。感谢格哈德·马克斯（南非）的眼光和想象力，以及为此书的精美配图。感谢多萝西·拜尔（Dorothy Byer，美国）对我每年收获种子的帮助。感谢卡尔·沃尔克斯（Carl Volkers）和吉姆·坎普威尔特（Jim Kampwirth）（美国）提供的扩展温室绿色生长空间的设计。感谢约翰·塔格尔（John Trager，美国）提供的数以千计的惊艳照片。感谢西格丽德·"埃瑞普西亚"·利德（Sigrid "Erepsia" Liede[2]，德国）陪伴我在充斥碎石的布什曼兰德[3]（Bushmanland）的旅行。感谢迈隆·金纳赫（Myron Kimnach，美国）提供的文献、数据和中肯的建议。感谢尼克·李尔（Nick Lear）为此书进行的形式多样、意识超前的排版。感谢埃利·法罗（Eli Fallaux，荷兰）以荷兰人的视角审视生石花。感谢克里斯托弗·巴恩希尔（美国）陪我进行了人生最有趣的一次旅行，更不用提他花了一年的时间来帮这本书拍照。感谢简·伊万斯（Jane Evans）和吉恩·洛

西弗（Gene Loseph）（美国）提供的"谷间少女园艺种"[1]的种子以及与我的良性竞争。感谢诺姆·丹尼斯（Norm Dennis，美国），他住在一个令生石花爱好者们神往地方——沙姆罗克道（Shamrock Drive）！

财富和热情的纠缠：一段微历史

　　自从布西尔（Burchell）在 1811 年发现了第一株生石花后，这个新奇的属吸引了大量欧洲人的目光。但是这种兴趣是一波一波的，受时尚、新分布点的发现和一些主要收集者的推动，时而高涨，时而低落。在 19 世纪，生石花在园艺界鲜为人知，直至 19 世纪末，人们才开始将生石花引入了盆栽。起初人们只种植了少数普通品种，如 1897 年前市面上就有曲玉（*L. pscudotrumcatella*）的种子，然后出现了紫勋玉（*L. lesliei*）的种子。在 20 世纪 20 年代，N. E. 布朗（N. E. Brown）开始出售一些富贵玉、紫勋玉和其他品种的小苗，用以贴补他通过撰写植物文章获得的微薄收入。在同一个时期，人们对多肉植物的兴趣开始迅速膨胀，许多收集者意识到了生石花独特的魅力，理所当然地，他们渴望得到这些植物。

　　大量的原种生石花植株是从德属西南非洲[2]出口至欧洲的，特别是以格雷斯纳（Graessner）和德莱特（de Laet）的培育基地为代表。这两个培育基地持续地向欧洲输出生石花植株。库特·丁特尔（Kunt Dinter）收集了数以千计的生石花用于出口，但是他的著作里只是随意或者说是"谦虚"地提到收集了 300 株，同时他也收集了大量的种子。丁特尔的著作里少写了数量是明智的。如果去指责他收集

1　Valley Girl，即白花碧赐玉。——译注
2　德属西南非洲，1884 年至 1915 年德意志帝国的殖民地之一。它于 1990 年成为独立的纳米比亚。——译注

过多植株则是我们衡量事物的双重标准[1]。在 20 世纪 20 年代，买卖生石花的贩子很少，生态保护的顾虑更少，但是有远见的人，比如约翰·缪尔（John Muir）和鲁道夫·马洛斯（Rudolph Marloth）早已有所警觉。威廉·特里布纳（Wilhelm Triebner）完完全全跟随着丁特尔的脚步，从他批发种子清单就可以看出，至少他在采挖方面是自由的。特里布纳收集的植株对美国园艺界有着重大的影响，直到今日，他的生石花已经繁殖了 20 代了，我们依然能从混合生石花批发市场中找到它们的身影。

1957 年特里布纳去世后，市场上出现了其他获得生石花的途径，其中大部分是非商业途径。哈里·霍尔(Harry Hall)、汉斯·赫勒(Hans Herre)、罗伊·利特伍德(Roy Littlewood)、维克多·普林格(Victor Pringle)、赫米娅斯·肯尼迪(Hermias Kennedy)、赫基·霍姆(Herkie Horn)和 A. A. 鲁克斯(A. A. Roux)送出了很多新的品种，很大一部分被亨德里克·德波尔(Hindrik de Boer, 1885~1970)收入囊中。亨德里克·德波尔的收藏是前科尔[2]系列收集品种中最完整的一个，他朴素的温室位于荷兰格罗宁根(Gröningen)。德波尔有着瑰丽的收藏，但是很少有通过视频数据保存下来的——这真是一件非常可惜的事情，因为他花了大量的时间在他独特的血统延续和纹路稳定的研究上，并且成绩斐然［见第 128 页，寿丽玉(*L. julii*)］。费恩论文中的彩色照片应该是德波尔的植物保存下来的最好的文档了。后来很多德波尔的植物都交给了费恩繁殖，他继续进行德波尔的一些杂交实验，这些实验的目的是通过人工"合成"杂交品种来推测亲本。［见《费恩的生石花》(*Fearn's Lithops*, 1981)］

1　一方面想要得到生石花，一方面又去指责人家收集太多。这是典型的双重标准。——译注
2　Cole：德斯蒙德·科尔，创造了科尔编号。即 C 开头的号码。——译注

图 1. 爱－爱斯（Ai-Ais）附近采集到的爱爱玉变种

图 4. '硫磺石'柘榴玉

图 2. 瑞光玉亚种，Cole 73

图 3. 朝贡玉，Cole 159

图 5. '得州玫瑰' 朝贡玉

图 6. 青磁玉

图 7. 荒玉，Cole 309

图 8. 比特方丹（Bitterfontein）采集的宝翠玉

科尔植物以及它们的流散[1]

目前，绝大多数的培育品种都出自于瑙琳·科尔的种荚。这些种子主要散往北部，距今差不多 25 年了。由于出自瑙琳的种子，都是整荚，且做了细致的标签，所以不存在品种混淆的情况（如果不是整个种荚收集，那么种子很容易因指甲接触、筛网或者机器而弄混）。科尔种源成为了卓越的标准，这是其他属多肉植物从没有触及的高度。他给出了生石花这个非单种属中的每个种群独有的地理位置。（一个明显的例外是海伦玉，这将在附录 3 进行介绍。）科尔总共描述了大约 400 多个种群。

另外一个种源是恩斯特·弗里茨（Ernst Fritz，德裔南非人），他于 1986 年英年早逝，他的去世导致了很多有前景的园艺培育项目搁浅。弗里茨是一流的种植者，无论是他不经意间收集的、符合他独特审美的成年植株，还是后来他进一步从小苗开始培育、最后达到大型视觉效果的植株，他的眼光总是与众不同。虽然他与科尔的植株自然栖息地相同，但是他的植株体形都无比巨大！他的大部分种子都流入到了克罗尔（Köhre，德国种子商）手上。

不幸的是，科尔的种源，以及其在美国和英国的繁殖的第二代植株，都惨遭毒手。这些种源在各种情况下被糟蹋（弗里茨种源的遭遇也一样）：有时候科尔编号被混淆，或者两个种群的科尔编号被互换，有时候相邻的植株因风媒，引起了杂交。当然，这样杂交后的植株后代会出现很多问题，为了避免这些问题，我们建议只有直接从种源地拿到的植株才能给予科尔编号。后来的艾德·斯托姆斯（Ed Storms），著名的得克萨斯园丁，就从这方面着手，统一编号。比如，他给

---

1 原文中，Coles to Newcastle 中的 Coles 是一个双关语。Coles（科尔，人名）等于 Coals（煤炭），因为发音一样。而 Sending coals to Newcastle 是一个老式的说法，即将一些东西（coals，煤炭）送到已经有很多这些东西的地方（Newcastle，著名的煤炭出口地），引申意义是送这些东西毫无意义，文中是指科尔送出的种荚被粗暴地对待，所以没有意义。——译注

黄富贵玉变种（*L. hookeri* var. *lutea*, Cole 38）的植株授粉，便在子代的标签上注明 *L. hookeri* var. *lutea*。虽然它们仍然是纯种的，并且和 Cole 38 一模一样，但是都不给 Cole 38 这个编号。（如果按照原来的方法来命名，这些子代应该是：var. *lutea* "ex Cole 38" 或者 var. *lutea* "Cole 38 × Cole 38"。）

削减的数据库

即使我们极其小心地授粉，在每一个阶段仍会产生潜在的窄化效应[1]：科尔育苗盆中精选的植株代表了栖息地中的十几个基因体，一个科尔编号的种荚代表了一个母本和最多六个父本的基因混合体[2]。虽然它们的后代仍适用于宽泛的亲本基因谱，但还存在着一定的疏漏和混合形成的变异。在另一方面，一些种植者，特别是斯托姆斯，在每一个种群的栖息地都采集了多个种荚，当科尔参观斯托姆斯的植株后，震惊于这些种荚后代的多样性。"无论是我们曾经在栖息地收集到还是观察到的生石花中，斯托姆斯的子代变化程度是最高的。"（Cole 1998:38）虽然斯托姆斯的例子不完全是自然情况下发生的，但这意味着变化体数量的急剧增加，而非减少。更进一步地说，将寿丽玉的一个种群和另外一个种群杂交会产生新的变化体，这个情况已经很普遍了。因此，新变化体的产生并不都依赖园艺化过程。寿丽玉 Cole 63 和寿丽玉 Cole 64 杂交的后代（*L. julii* ex Cole 63 × *L. julii* ex Cole 64），毕竟亲本都是寿丽玉，都很漂亮，但是它的基因已经开始变化了。经过足够次数的杂交，它们就逐渐失去了原本种群间的差异。

大多数栽培植物（我是指绿色植物：莴苣、月季、矮牵牛、甘蓝）早已经失

---

1 生石花杂交导致的品种特点丧失，并使品种数据库数量减少。——译注
2 指一朵花有 5~6 个柱头，可以接受 5~6 个父本的花粉。——译注

去了原始数据[1]，而且往往是它们的物性种别。如果我们不是过分迷信假定给植物体的数据和血统纯度的话，多肉植物世界还是比较严谨的。正是多肉植物这种未被人类磨灭的野性深深地吸引着许多人。但是，据我所知，对大多数普通培育者而言，漂亮的外表是最先考虑的，然后是血统纯度。对他们而言，搞清楚品种数据只是一件繁冗的工作，即使搞不清楚也不会太内疚。尽管如此，我还是建议各位都做好精确的数据记录。这有两个原因：第一，这些数据或许对你不重要，但是对别的来参观你的温室、对你拥有的植物品种感兴趣的人来说可能是重要的。比如，有着肉桂色纹路的线留蝶玉变种（*L. ruschiorum* var. *lineata*，Cole 312）起源于科尔最初的种荚（很少人知道这个来源）。第二，品位和兴趣会从起先的爱好转为痴迷，疯狂的结果是时不时亲自到南非考察[2]。就像我一样。

原生地的生石花

　　尽管本书主要内容集中在盆栽生石花，但是如果略去自然栖息地的生石花不谈，也是很遗憾的。除了自身的兴趣外，我们还可以从中得到很多培育生石花的指导性信息。坦白地说，我在原产地欣赏过大部分种，但是常常仅是欣赏而已，只有在很少的情况下才动手采集植株或者真正地研究。我说这些并不是为了吹嘘我很少采集生石花这一善举，而是为了强调我对生石花如何在那片土地上存活知之甚少，甚至连它们何时或者如何到达那片土地上也一无所知。下面的讨论很大程度上依赖于科尔的数据，如在每个种简介后附上的该种植根的岩石类型等资料。

1　指这些植物最初的归属。——译注
2　去南非考察，需要对基本的品种数据有所了解。——译注

生石花只分布在非洲南部：主要在南非和纳米比亚，少量出现在博茨瓦纳，安哥拉南端或许也能发现（由于一些显而易见的可悲原因，近来没有对后者进行探索[1]）。现在已知的生石花的分布范围覆盖了50万平方英里的土地（Cole 1988）。各个种类的生石花在这片巨大的区域里分布不均。其中紫勋玉占了最大的比例，有数百个甚至数千个种群或者"分布点"，彩妍玉（*L. coleorum*）、美梨玉（*L. viridis*）、云映玉（*L. werneri*）只占了很小一块区域，只有一个种群，而且都是小规模的。

我们无法知晓生石花所有的自然栖息地（除非

1　因为内战频繁。——译注

图 9 和图 10. 栖息地的惜春玉变种，位于诺伊矿井区域（Nous Mine area）

南非会像南加利福尼亚一样变成一个巨大的、交通便捷的、没有植被覆盖的"购物中心")。但是可以确信地说，生石花已有的广阔的栖息版图不会再大规模地扩张。对于生石花的探索，除了科尔非常深入的野外研究和其他生石花爱好者的贡献外，我们还得到了农场主、牧师、生态学家以及其他专业或非专业的博物学者的协助。他们在一些奇怪的区域发现生石花，并提供非常有价值的信息。事实上，最新发现的彩妍玉是一位细心的农场主在她的领地里散步时发现的。对比上述那位细心的农民，另一位纳米比亚农民则显得有些粗心了，在恩斯特·鲁什（Ernst Rusch）的精彩记录中提到，他曾经给一位当地的纳米比亚农民展示曲玉（*L. pseudotruncatella*）的标本，并询问他是否见到过此类植物，没想到那位农民却回答说："我们这里的树上不结这种果子。"

排除一些尚未探索到的地方，很多区域显然不适合生石花的生长。比如在南非，生石花不在东开普省的布什维尔德山谷（Valley Bushveld，植被覆盖率太高）、莱索托（Lesotho，可能太冷）、夸祖鲁－纳塔尔省（KwaZulu-Natal，湿气太重）和开普敦（Cape Town，太潮湿）附近生长，也不能在西部海岸大部分地区，即所谓的斯特兰德维尔（Strandveld）地区生长。在南非，除了以上的区域，都是生石花广阔的聚集地，从小卡鲁（Little Karoo）延展至斯特泰维尔卡鲁（Steytlerville Karoo）再到大卡鲁（Great Karoo），以及自由州省[Free State Province，更广为所知的名字是奥兰治自由邦（Orange Free State）]、克内斯拉克特（Knersvlakte）、纳马夸兰（Namaqualand）、理查德斯维德（Richtersveld）、布什曼兰德（后四者部分被并入新北开普省）、豪登省（Gauteng）、西北省（North-West Province），还有北方省[Northern Province，更广为人知的名字是德兰士瓦（Transvaal）]。在纳米比亚，生石花主要生长在西部地区，特别是西南区域，不过像南非一样，其中间隔了大片非生长区域。在这片非生长区域有着荒凉的页岩构造和频繁的沙尘暴，

图 11 和图 12. 在栖息地的大津绘玉，位于布拉
克方丹（Brakfontein），洛来斯方丹（Loeriesfontein）
的西北部

图 13. 花纹玉 "美熏玉型" 的栖息地，位于纳米比亚，格鲁瑙（Grünau）

图 14. 宝翠玉，拍摄自斯蒂克安姆斯卡拉尔公路（Steenkampskraal road），1996 年 3 月

图 15. 乐地玉变种，卡拉斯伯格（Karasberge）的北端

图 17. 福来玉亚种, 位于卡卡马斯 (Kakamas) 西南部

图 18. 生长在灌木丛阴影下的茧形玉, 这种生长环境在生石花属中是非典型的。1997 年 11 月摄于斯普林博克 (Springbok) 东部的康纳斯 (Kangnas)

图 19. 布兰德弗莱 (Brandvlei) 附近的朝贡玉

图 16. 古典玉, 科卡哈布 (Koichab) 附近, 一个有意思的非科尔编号种群

这些或许是生石花难以在这块区域生存的原因。南部的斯佩格比特（Sperrgebiet，被禁止随意进入探索的钻石产地）已经被合理地充分调查，不过其他区域还需要进一步的探索。

生石花生存于各种不可思议的区域，这很难从整体上概括，但还是可以找到一些相同点。生石花喜欢表面看起来贫瘠但事实上却充满生命的地方，石质平原、山脊处，或者丘陵（南非荷兰语称为"koppies"），这些都是生石花生长的理想地点。生石花不生长于完全陡峭的悬崖，不过会分布于一些相对陡峭的斜坡裂缝中，这样的环境保护了生石花不被啃食。一个安全的分布点就像一些专业的高山园艺师常常搭建的假山景观：如有零星分布小植物的排水良好的斜坡，这些斜坡没有凌乱的杂草，植物整齐排列，间距恰当，大部分是多年生的。通常，这些斜坡经常被风侵袭，有时甚至是强风，这造成了这里的植物生长速度都相当缓慢。生石花的垂直分布从近海平面（大内玉，*L. optica*）到接近海拔 2400 米（舞岚玉亚种，*L. gracilidelineata* subsp. *brandbergensis*）；特里布纳（Triebner）曾报道曲玉"春雏玉型"（*L. pseudotruncatella "alpina"*）也栖息于类似的海拔高度处，其名字"alpine"源自于它的高海拔栖息地。

生石花扎根的土壤更多的是矿质土而不是腐殖土。当然还是有相当一部分例外，如日轮玉（*L. aucampiae*）、紫勋玉和曲玉经常生长在被矮小草覆盖的腐殖土上，这里几乎是大草原或者干草原了。在一些情况下，草在每年冬天死去，仅仅剩下残茬，不过这个时候生石花也开始萎缩，缩进土壤里。科尔夫妇曾经进行过一项关于土壤酸碱度的研究，发现生石花可以在 pH 值 4.5~10.5 这样一个大的酸碱跨度下生存。他们也报道了生石花植根岩石类型的多样性，但是值得注意的是浅色的石英石和伟晶岩更适合生石花生长，也许是因为浅色较深色更不易吸热。深色的岩石在南非的夏天会非常灼热。你可以在南非炎热的夏日中用手摸一下深色的岩石，感受下那让人崩溃的温度。

生石花以某种方式适应了这样炎热的环境——这不是因为它们的表皮很厚，而是因为它们天生就不能在高度遮阴的条件下生存。不像十二卷属（Haworthia）和马利筋属（Asclepias）的多肉植物，生石花不喜欢生长在高密度的灌木丛下。但是有一个奇怪的例外，如茧形玉（L. marmorata）很享受透过多年生的灌丛的散射光（见图 18），在这样的部分遮阴的自然环境中生长的野生生石花和在温室中生长的生石花一样肥厚而富有光泽。但是无论如何遮阴，它们还是会受到夏季或秋季的热浪侵袭。干燥的热浪，也叫伯格风[1]（相当于桑塔阿那风、非洲热风或焚风），会在夏天甚至是冬天发生，持续数日。并且夜间温度超过 36℃（96.8℉），这样的热浪会在短时间内灼伤植物。生石花也会受到严寒的影响，很多种在冬天规律性地经受不同程度的霜冻。然而，正如 N. E. 布朗在关于紫勋玉的早期讨论中指出的那样，能经历霜冻的植物往往是干燥的，并且常常也是皱缩的。

很多明显适宜生石花生长的区域却没有找到它们的影子，虽然我们无法证明生石花没有栖息在这块区域的任一角落，只能是说我们通过各种努力都没有找到它们。我们可以努力探索两片毗邻的地理构造类似的区域，并会发现生石花在一片区域上肥硕无比，而在另一片区域上却毫无踪迹。这也许是因为后者存在某些不适宜因素，或许是位于阴雨区域，或许是土壤基质盐碱度过高——或许仅仅是因为种子没有传播到这片"分水岭"。那么在将来，种子会不会传播到此呢？也许将来，通过风扬起的带有种子甚至是种荚碎片的沙土，通过鸟类、陆龟，或者是人们穿着的耐克鞋底，生石花会传播到这块区域。也有可能这块荒芜的土地上原本生长着生石花，但是后来因为异常严重的涝灾使得它们受到真菌感染，或者由于蟋蟀、小矮人[2]的捕食，抑或是连年的干旱导致它们消失。

1　［气象学］（由南非高原吹向海岸的）山风。——译注
2　这里小矮人捕食生石花是作者的幽默说法。——译注

图 20 和图 21. 在康纳斯栖息地中的茧形玉，它们和大戟属的 *Euphorbia gregaria* 共生在一起。注意观察幼苗！

　　对于生石花种子的传播过程我们知之甚少，个人的理解主要是通过鸟类和风力传播，这和我提出的肉锥属（Conophytum）种子的传播机理是一致的。我们会发现两片相隔很远但是有着类似的地理构造的区域——比如间隔着 15 千米移动沙丘的两座高大的山脊——都非常适合生石花的生长，也孕育了同样的生石花种。很难想象曾经在这两座山脊之间，生石花传播过程是连续的。因为沙丘的移动是瞬息万变的，然而生石花最终成功地从一座山脊传播到了另外一座山脊。科尔夫妇推测这两个山脊都有同样的地理构造，能引起夹带种子的鸟类的注意。风力传播理论同样让我感兴趣，因为种子很小很轻，可以随着突发的阵风传播。在任何情况下，生石花都需要异花授粉。足够幸运的话，它至少需要两个种子才能繁殖到一个种群。生石花的果实紧贴着它的身体，通常是在对叶裂缝中。即使孕育果实的植株组织大部分都被掏空了，果实还是会留在原来的位置。这就意味着即使植物死亡和分解后，种子还是在同一地点。因此母本有趋向于在附近已经证明适合生长的区域内散布种子的特点。水也是生石花种子传播的一个途径，最明显的是水滴（以飞溅的雨滴的形式）是促使种荚释放种子的催化剂。此外，虽然没有那么明显，我们还经常可以看到生石花

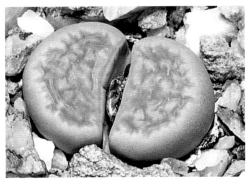

图 22 和图 23. 栖息地的双眸玉，位于里希特费尔德东部（Richtersveld）的小希尔斯洛夫（Litte Helskloof）

沿着干涸的河床分布。从宏观上讲，河流影响了鸟类的活动，从而也影响生石花的传播。

通常，生石花和一些其他属的矮小的多肉植物共生（自然地，这些多肉植物也面临着同样的种子传播问题）。我们在附近常常会发现回欢草属（*Anacampseros*）、回欢龙属（*Avonia*），更多的是青锁龙属（*Crassula*）、天锦章属（*Adromischus*）的植株。事实上，最近我们还发现生石花和一个新的分类共生，即另外一种尚未描述的小型回欢草属植物。有时，某些生石花种也会和另外一些毫无血缘关系的生石花种社会性地生存在一起。科尔列出了 7 个分布重叠的例子（也可以说共生），如富贵玉变种（*L. hookeri* var. *hookeri*）和鸥翔玉变种（*L. hallii* var. *ochracea*）共生或者招福玉变种（*L. schwantesii* var. *schwantesii*）和琥珀玉亚种（*L. karasmontana* subsp. *bella*）共生等。这些共生的品种常常有着不同的花色。即使是共生，这些生石花也有一些轻微的独立分布，比如在尼凯克斯胡普（Niekerkshoop）附近的一座山上，黄花的富贵玉（*L. hookeri*）喜欢栖息在低海拔的山坡上，白花的鸥翔玉变种喜欢栖息在高海拔的山坡上。两个种有一小块区域是交叉的。从斜坡的底部到上部，各方面都有轻微的或者巨大的差别，比如砾石的大小（以及与此相关的保护能力）、矿物质的比例或者其他的方面。在两个种交叉的区域，花期的不同可以分辨这两个种。富贵玉的花期要比巴厘玉早几个星期，即使是两者同时开花了，它们由于彼此强大的基因排斥也是不容易杂交的（第 42~44 页）。

白花品种之间共生的情况比较罕见。因为白花之间的基因是兼容的，它们最终将趋向一个稳定的种［详见我晦涩的讨论：福寿玉亚种（*L. Karasmontana* subsp. *eberlanzii*），第 137 页］。然而我见到过茧形玉和福来玉亚种（*L. julii* subsp. *fulleri*）在康科迪亚东北部的分布仅一箭之隔。虽然这里的福来玉亚种的植株颜色是我在这个分类中见过的最朴素的，但是没有证据表明这两者（茧形玉和福来玉）有杂交。（由于某些原因，福来玉亚种的颜色会随着向西部的茧形玉主要栖息地的接近而变淡，但是茧形玉和寿丽系福来玉的部分区别是：茧形玉缺少福来玉美丽的窗面边缘构造。）黄花品种之间共生的情况也是罕见的，见下文描述的留蝶玉（*L. ruschiorum*，第 175 页）。在格里夸附近，日轮玉和富贵玉的栖息地非常接近，所以这两者即使有杂交也不让人惊奇。

浅说地图

　　这份地名地图展示了在以下文本中提到的一些重要城镇和村庄，同时也提到了一些著名的农场名字。光有名字没有什么用处，所以我也给出了它们具体的地理信息。这是一个拥有众多语言和富有诗意的地区。这里充斥着南非荷兰语、法语、英语、科瓦桑语、荷兰语和德语名字。甚至在纳米比亚能找到托斯卡尼尼这样的意大利名字，南开普能找到沙洛姆这样的犹太名字。许多城镇和地区的名字正在使用或者将来还会继续使用多种拼写方式（如 Aggeneys，Aggenys 和 Achenuis；Griekwastad，Griquatown 和 Griquatown）。有些时候会被一个新的名字统一取代（如：send[e]lingsdrif[t]=Ochta；N[ie]uwefontem=Kliprand）。著名的 "Umdaus"（读音像那马部族的鼓声）和其他一些理查德斯维德地区的高度地区化的名字从来没有在标准地图上出现。令人困惑的是，一些独创的名字在南非经常共用，如Brakfonteins（=Brackish Springs）[1] 就是一个例子。在这里，我会避免使用一些敏感性的名字，尽管有时会带来一些误解。

　　根据这份地图的尺寸，我只可能粗略地列举一些分布。因此我只标示了每个分类的模式产地[2]。即使这样，生石花的分布格局还是清晰可见的，它们的分布聚散点非常明显。生石花的各个种沿着奥兰治河密集分布，特别在波法德尔（Pofadder）境内。另外有很大一片谜一样的空白区域，我们不知道是记录不完整，

1　Brakfonteins 中的 fontein 和 Brakish Springs 中的 spring 都有泉的意思，文中是指根这两个词都是根据 "泉" 这个意思创造出来的。——译注

2　作者按：在一些例子中，模式产地不明确，因此我们只标示了可能分布或者理论上存在的分布点。关于四种尼尔（Nel）分类的记录，即瑞光玉亚种（*L. pseudotruncatella* subsp. *dendritica*）、丸贵玉变种（*L. hooker* var. *marginata*）、线留蝶玉变种（*L. rushiorum* var. *lineata*）、朝贡玉变种（*L. verruculosa* var. *verruculosa*）是不完全的或者错误的。至于最后的朝贡玉变种，我没有考虑尼尔的 "肯哈顿型"（"Kenhardt"见第 190~191 页）。

还是因为没有能够深入腹地找到潜在的生石花栖息地（见第 15~22 页）。为什么在克内斯拉克特的西北部没有生石花分布？为什么菊水玉（*L. meyeri*）的栖息地以南、瑙琳玉（*L. naureeniae*）的栖息地以西就没有生石花的分布了？为什么玛瑙玉变种（*L. pseudotruncatella* var. *elisabethiae*）的栖息地会这么零散（且不显眼）？

　　注意为什么碧琉璃玉（*L. localis*）会这么特立独行，和其他种没有任何关联。相似的情况在肉锥属的大翠玉（*Conophytum truncatum*）中也有出现：它有着相似的分布区域，部分和碧琉璃玉的分布重叠，但是同样，它和肉锥属的其他种也没有任何关联。另外一个有趣的谜团是 7 个主要的白花种几乎被相对多的 27 个主要的黄花种完全包围，就像第一幅地图中所示的一样。（朝贡玉是例外，在区域分布图中我们可以看到，它的侧面同时分布着白花和黄花系列。）第二幅地图把我们带到了德国，即翠娥玉（*L. × steineckeana*）的发源地。

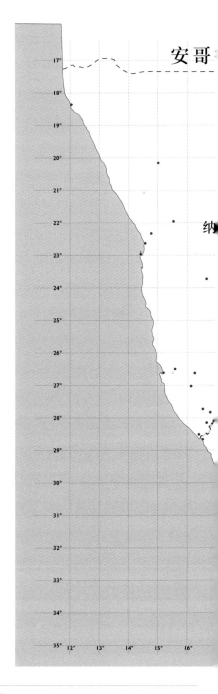

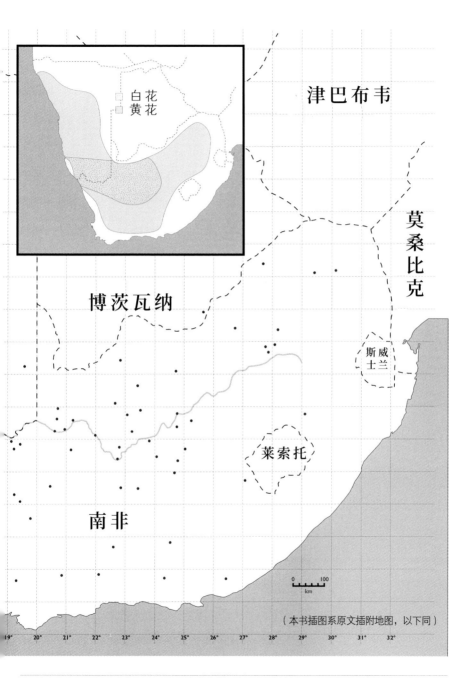

津巴布韦

莫桑比克

博茨瓦纳

斯威士兰

莱索托

南非

白花
黄花

0   100
km

（本书插图系原文插附地图，以下同）

19°   20°   21°   22°   23°   24°   25°   26°   27°   28°   29°   30°   31°   32°

大地上的宝石——生石花的秘密

分布地图

地图上不同的类群用不同的颜色表示，以方便表现它们的亲缘关系。

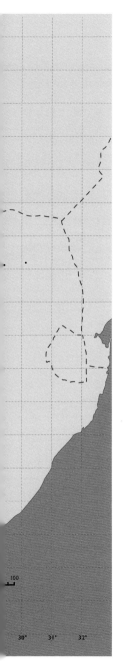

1. 日轮变种
2. 赤阳玉变种
3. 光阳玉变种
4. 阳月玉变种
19. 古典玉
31. 蛇纹玉
39. 寿丽玉亚种
40. 福来玉变种
41. 茶福来玉变种
42. 福惜玉变种
56. 碧琉璃玉
65. 曲玉变种
66. 玛瑙玉变种
67. 白蜡石变种
68. 拱月玉亚种
69. 瑞光玉亚种
70. 藏人玉亚种
71. 宝贵玉亚种
86. 美梨玉
87. 云映玉
5. 柘榴玉变种
6. 辉耀玉变种
7. 鸣弦玉变种
8. 雀卵玉变种
24. 双眸玉
43. 花纹玉变种
44. 爱爱玉变种
45. 朱弦玉变种
46. 纹章玉变种
47. 琥珀玉亚种

48. 福寿玉亚种
9. 彩妍玉
10 太古玉变种
11. 韦伯玉变种
18. 丽虹玉
22. 源氏玉变种
23. 花轮玉变种
30. 青磁玉
32. 富贵玉变种
33. 大宝玉变种
34. 烟晕玉变种
35. 黄富贵玉变种
36. 丸贵玉变种
37. 窗富贵玉变种
38. 珊瑚玉变种
59. 菊水玉
60. 瑙琳玉
72. 留蝶玉变种
73. 线留蝶玉变种
80. 碧赐玉
83. 臼典玉亚种
84. 传法玉亚种
85. 见霓玉变种
12. 神笛玉变种
13. 惜春玉变种
14. 福德玉亚种
15. 多点神笛玉亚种
25. 荒玉变种·
26. 苇胧玉变种
27. 舞岚玉亚种

63. 大内玉
64. 大津绘玉
74. 李夫人玉
75. 招福玉变种
76. 绚烂玉变种
77. 黑曜石变种
78. 碧胧玉变种
79. 盖瑟玉亚种
81. 朝贡玉变种
82. 茯苓玉变种
16. 宝翠玉变种
17. 紫宝翠玉变种
20. 微纹玉变种
21. 乐地玉变种
28. 巴厘玉变种
29. 鸥翔玉变种
49. 紫励玉变种
50. 宝留玉变种
51. 摩利玉变种
52. 小型紫励玉变种
53. 紫褐紫励玉变种
54. 弁天变种
55. 宝奇玉亚种
57. 茧形玉变种
58. 爱纱玉变种
61. 橄榄玉变种
62. 棕橄榄玉变种
88. 翠娥玉

捉迷藏

　　生石花会在不经意间突然出现在你的面前，这或许是寻找生石花过程中最让人欣喜的事情了。这些小小的植物深深隐藏在周遭环境中，然后又突然出现在你的面前，只有亲身经历过才能知道这是多么美妙的感觉。一些生石花和它生存之地周遭的岩石外表非常匹配，这种现象被广泛地研究。引用尼尔的话："这些植物的外形和颜色与它们的周边环境如此相似的原因还没有定论，我们甚至非常怀疑这个问题是否能被解答。对那些有着天马行空想象力的人来说，这也许不是一个难题。土壤中可能发出一种不可见的神秘射线，它们的辐射使得生石花长得和周边环境一致，这些人并没有实验依据来证实他们的想法，因此这只是一种偏离科学的无稽之谈而已。为什么紫勋玉会在铁矿石风化而成的略带红色的土壤中长出锈棕体色，而荒玉会在白色石英砾石中长出白色体色，这是一个仍然困惑我们的问题。"我的朋友 M. 格兰德（M. Grande）认为是岩石在模仿生石花的外观！

　　许多生石花的外形、颜色和周围所有的岩石都相当不匹配，相反，它们展示出了华丽的纹理和不同的质地，但是它们至少能够迷惑人类的眼睛。尼尔认为生石花很少被捕食，但是科尔认为披甲树螽（Hetrodes）会啃食生石花地上部分。（尽管如此生石花还是有存活机会的，因为它们重要的分生组织隐藏在土壤以下。）一旦生石花的生存带被锁定，在雨后尤其是花期，它们并不难找。但生石花种群都是非常区域化的，在广泛的土地上零星分布，所以很难锁定它们的位置。在干旱期，生石花会紧缩它们的身体，藏身之地也会被棕色的沙子覆盖，除非我们能发现它们露出地面的干枯的果实或者部分老叶，不然几乎不可能找到它们。有些种如朝贡玉，它们和周围的环境完美地融合在一起，让人印象特别深刻的是，这个颜色丰富的种生存在同样颜色丰富的马赛克一般的岩石周围（这些岩石被红色的沙粒隔成各种形状和纹理，形似马赛克）。

另一个相关的神秘现象是"窗面"或者"采光区"。许多生石花的顶部呈现出不同程度的透光性。有些生石花的表面是清澈的，这使得这些半埋于土中的植株看起来像"眼睛"或者"潜望镜"。南非人给生石花取的名字"oogies"[1]或者"眼睛"就反映了这个特性。我们可以比较一下清澈透光的种如美梨玉（*L. viridis*）和一些完全不透光的厚皮种碧赐玉（*L. vallis-mariae*）。碧赐玉的表皮覆有厚厚的不透光的钙质结晶，这使得它们与周围钙质结砾岩和散落的石英石的环境一致。但即使是这些不透光的种，也存在着透光孔。如果我们切去窗面表皮并对着光源，还是可以看见光线

透过。其他种有着许多"微型窗口"，就像雀斑或者油点一样点缀在窗面上（见第 72~73 页图）。对于窗面所有的解释都最终将趋于一个问题：在演化过程中是小窗发展至全窗，还是全窗发展至小窗？〔值得注意的是，许多"原始种"往往是大窗的，一些"演化种"往往是相对小窗的，有时接近于无窗。尴尬的是有些种往往是大窗和小窗共存的，蛇纹玉（*L. herrei*）就是最好的例子。〕不管怎样，生石花的叶绿素层位于植株的底部或者侧面。光线可以高效地透过清澈的、有斑点的，或者是半透明的窗面到达叶绿素层。非洲南部的阳光很猛烈，即使是经过多次滤光，对生石花的生长来说也足够了。

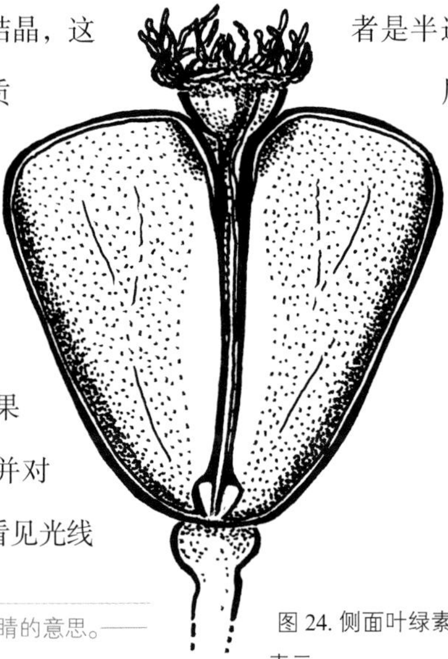

图 24. 侧面叶绿素位置示意图——用密集的点表示

1　南非语中 oogies 有眼睛的意思。——译注

像石头一样干燥?

虽然生石花栖息地通常处于干旱状态，但是"干旱"这个词可以有不同的解说。一个农场主曾经告诉我他的农场——韦伯玉变种（*L. comptonii* var. *weberi*）的一个原始栖息地——在过去的两年里没有下过雨。这个农场主是一个理性的、善于观察的人，所以我相信他的话（他那些不开心的瘦弱的羊群也是无声的证明）。然而当我之后看到那里的生石花时，却发现它们依然是美丽和饱满的。这些生石花似乎以某种方式吸收潮气，而且这些水分被最大程度地利用了。韦伯玉变种生存于钙质结砾岩的小洞里，无论是什么类型的湿气都会在这个小洞里汇集成不容易排空的小水洼。我可以列举大量类似的例子，很多都包含了大量的降露，所有这些都暗示我们低估了水分存在的数量。

一些生石花种在栖息地被夏天的雷飑滋润，一些则通过冬天或者夏天适度的降雨来补充水分，或者仅仅依靠海岸边的雾气维生。大多数生石花在夏季降雨的地区生存，但是这些地区的划分并不像我们想象的那么严格，因为很多地方会随时降雨。但是通常生石花栖息地的年降水量都是很少的，少于 500 毫米，甚至更少（Cole 1998）。当然，生石花储水能力很强，它们可以储水很长一段时间，它们就像半埋在土中的小水桶，可以循环利用很多水分。有时，正是因为它们的储水能力太强了，在雨季接收过多的水分，导致它们体态臃肿、爆裂，最终受到真菌感染。特里布纳曾经报道过罕见的但毁灭性的群体感染腐烂事例（见《开花的石头》，第 210 页）。

即使面临着干旱，讨厌的雷鲔，大面积腐烂，以及各种各样的天敌（树鼷，当地滥采的生石花商人等），野生生石花仍可以存活很久。有时人们会遇到一大簇存活于有利地形的生石花，它们看上去有些年头了。现在存有很多高龄生石花的记录，施万特斯在 1957 年引用了关于大内玉（*L. optica*）的分析报告，从这份报告来看，大内玉能够存活一个世纪之久。大内玉栖息于沿海地带，它可以接收到或多或少来源稳定的雾气。我认为即使是"干旱的"布什曼兰德地区的生石花，如大津绘玉（*L. otzeniana*），也能够存活 25~75 年，或许更久。人们也许会换个角度来问问题，为什么有些生石花会过早死亡？毕竟，因为生石花每年都要更新它们的叶子和毛细根，只有主根和一些隐伏根支会随着年份变老（不更新），而这些变老的组织正是生石花的"阿喀琉斯之踵"（软肋），它们导致了植物的弱化。慢慢地，逐渐地，那些老化的根支随年份慢慢伸长，把生石花顶出土壤，使生石花不能再把自己"埋在土里"。同时，主根也会变得粗壮和木栓化，这给生石花吸收养分造成了困难。

　　野生生石花至少需要两年时间来达到性成熟，假设生石花每年都开花，那么它的一生将产生大概 100~500 个种荚，约 30,000~150,000 粒种子。通过这些惊人的数据，我们会想到生石花应该会形成一个致密的"丛林"，事实上这种情况在合适的栖息地确有发生。在南非纳米斯（Namies）附近有一条著名的生石花大道，在这里福来玉亚种（*L. julii* subsp. *fulleri*）绵延数公里。这里的植物摩肩接踵（在这里使用了一个拟人手法，见第 72~73 页）。相似的情况在斯特泰维尔卡鲁（Steytlerville Karoo）也能见到，这里碧琉璃玉是主力军（图 48）。然而有些分类的分布天然就是零散的、稀疏的，这可能是因为这些分类的起源较晚，或者这些古老的、生存条件苛刻的生物在现代化环境下生存不易造成的。

> 才子佳人，同归黄泉，正如同扫烟囱的人一般，尘归尘，土归土。
>
> ——莎士比亚，《辛白林》[1]

1　这句话摘自莎士比亚的《辛白林》，这是一个关于"爱，背叛和复仇"的故事，约成书于
　1610~1611 年。意思是无论是才子还是佳人都会和扫烟囱的人一样死去。——译注

图 25. 亟待授粉的李夫人玉

图 26. 花纹玉"信号山型"，Cole 65

图 27. 云映玉，Cole 188

图 28. 留蝶玉，由 M. 金纳赫（M. Kimnach）发表，发现于罗辛矿场（Rössing Mine）

图 25

图 27

图 26

图 28

收集、保存和发现

　　两个世纪来，平均每六年发现一个生石花新种。生石花属新种的发现速度只有肉锥属的三分之一，肉锥是一个更庞大，但却缺乏连贯性的属。虽然生石花新种发现的黄金时期已经过去了（1900~1970），在接近"七年之痒"的时候，我们还是会发现新的生石花。现在，很少有人去野外收集生石花，事实上这种行为已经没有植物学理由了。因为生态生理学家已经能在不破坏植株的情况下使用精密仪器获取各种数据，虽然新栖息地的证明还是要求（或者需要）一些新鲜的样本，同样，开展一些科学性的工作也需要采集一定量的植物。

　　合法采集生石花的政策比以往更严格了。幸运的是，至少是口头上，一种从生态环境保护的角度来提取和保护植物的意识已经深入人心。但是即使是有了所有的采集权限，用了科学的方法，以及有了当地部门的配合，在栖息地采集生石花也不是那么容易下手，因为那是一件残酷的事情，生石花如此聪明和迷人地模仿周围的环境，去破坏它们的家园简直就是一种暴力。因此，很多现代生石花收集者仅仅欣赏它们，或许会采集一些种子，然后离开。然而，这并不意味着生石花不会受到伤害，它们依然面临着很多危险。即使生石花采集者不再对它们造成威胁，山羊和城市发展者还是会破坏它们。阳月玉变种（*L. aucampiae* subsp. *euniceae* var. *fluminalis*）的栖息地已经被埋在沥青之下了；很多城市化之前存在的紫勋玉栖息地已经成了遗址；一部分双眸玉（*L. geyeri*）的栖息地已经被畜栏取代甚至更糟糕。这时我们就有一个两难的选择：如果将生石花的准确栖息地公布于世，那么一些出格的收集者就更容易窃取这些植物；另一方面如果不公布，那么这些栖息地有可能在不为人知的情况下被毁灭。

　　关于多肉植物保护的很多问题同样影响着生石花。但是很大程度上由于科尔的杰出工作，人们可以从育苗场大量而便宜地买到人工培育的尺寸合适的生石花苗，这使得野生生石花的市场变得很小。更进一步说，科尔在描述他的种子时，只用了一些提示性的信息，这些信息只是象征性的，都不是准确定位的。这样既能满足对数据有需求的种植者，也不至于披露太多的信息。我已经很多年没有看到生石花的黑市交易了（就像我没能看到售卖犀牛角粉的黑市交易一样，因为这些黑市都隐藏得很深）。直到 20 世纪 20~50 年代才对上面提及的滥采的情况有了一个决定性的改观。不得不提的是，生石花现在并不流行，因为大部分生石花的外貌缺乏变化和新意。讽刺的是，在生石花栽培中最受热捧的是属于那些受到炒作并和钱包息息相关的植株，而不是那些因为栖息地破坏而减少的野生植株。

坏种子？

　　由于各种各样的原因，有些生石花种子，无论是否纯种，都可能产生一些病态的小苗。如体态奇异的、矮胖的、颜色灰暗的、特别矮小的、让人纠结得无法辨认品种的、不育的，或者是异常巨大的。人们要不把这些缺陷作为品种特性的一部分而接受它们，要不就是无情地扔掉。植物学家和园艺家（园艺师？）对这些病态小苗的处理方式不尽相同。但是，从我长期的经验来看，我敢说这些病态的小苗很少会随着年份的增加长成强健或者让人喜欢的植株。野外收集的种子常常有一定的概率会播出发育不全，或者是对环境异常敏感的植株，这些植株几乎不能在栖息地生存。当然保留这些病态的植株是有趣和有一定研究价值的，但是它们很少会变成强健和稳定的植物。

　　野生生石花种子在市面上仍然偶尔会有供应。虽然不知道在野外收集少量的种荚是否会对一个种群造成影响，但是从我的角度看，我们还是谨慎行事为妙。

我曾经给了番杏研究小组[1]500粒彩妍玉的野生种子（大概 3 个种荚包含的种子数量），目的是为了避免人们去采集稀有的、脆弱的和新发现种的野生种子。我希望这么做是对的。（据我所知，这个种在栖息地没有被破坏过。）四年以后，番杏研究小组产出了数量可观的彩妍玉种子，这些种子（在温室里收获）来源于我第一次提供的 500 粒种子。这显示了生石花生产种子的速度有多快！事实上，生石花属于多肉植物中授粉最简单的，但是保持种子血统纯正又是另外一件事了。

颜色和血统

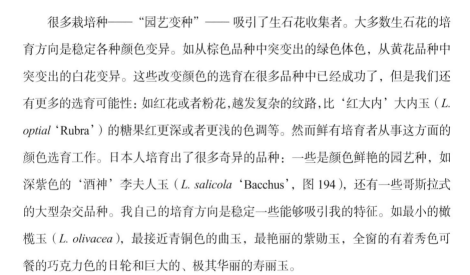

很多栽培种——"园艺变种"——吸引了生石花收集者。大多数生石花的培育方向是稳定各种颜色变异。如从棕色品种中突变出的绿色体色，从黄花品种中突变出的白花变异。这些改变颜色的选育在很多品种中已经成功了，但是我们还有更多的选育可能性：如红花或者粉花，越发复杂的纹路，比'红大内'大内玉（*L. optial* 'Rubra'）的糖果红更深或者更浅的色调等。然而鲜有培育者从事这方面的颜色选育工作。日本人培育出了很多奇异的品种：一些是颜色鲜艳的园艺种，如深紫色的'酒神'李夫人玉（*L. salicola* 'Bacchus'，图 194），还有一些哥斯拉式的大型杂交品种。我自己的培育方向是稳定一些能够吸引我的特征。如最小的橄榄玉（*L. olivacea*），最接近青铜色的曲玉，最艳丽的紫勋玉，全窗的有着秀色可餐的巧克力色的日轮和巨大的、极其华丽的寿丽玉。

到目前为止，同系繁殖可以取得最好的结果。同系繁殖过程中，首先要确定你喜欢的植株，命名为 A，用种 B（和 A 类似的）的花粉进行授粉。从 A 中收取种子播种，从子代中选出最好的个体，然后再用这个最好的子代的花粉去给 A 进

1　Mesemb Study Group，MSG。——译注

行回交，这样再从 A 产出的子代的特征和 A 会非常相似。接下来如果再重复这种血亲相似的杂交，可以获得更好的、性状更集中的结果。这个过程至少需要三年，通常需要十年甚至更久。人们也可以尝试自花授粉，在'哈默红宝石'菊水玉（*L. meyeri* 'Hammeruby'）的例子中，这个最后不得不用的策略成功了（见第 156 页）。自花授粉产出的植株和普通异花授粉产出的植株相比，常常有一些奇怪的特征，而且这些特征不总是我们想要。如一些红菊水玉生长异常缓慢，而且根系很弱。

人们尝试过很多定向的种间杂交。但是它们中大部分是丑陋的、病态的、不自然的；它们的园艺价值几乎等于零。当然，人们不是所有的杂交组合都尝试了，更远远不能否定之后杂交出漂亮品种的可能性。（更进一步地说，其实杂交的目的主要是检验假定的亲本[1]，而不是为了创造一个漂亮的品种。）通常同一大类之间的杂交会比较成功，比如黄花类之间，或者白花类之间。品系分类越接近，基因隔阂就越小。因此，小型紫勋玉变种 × 紫勋玉变种（*L. lesliei* var. *minor* × *L. lesliei* var. *lesliei*）是完美可育的。而紫勋玉变种 × 日轮玉（*L. lesliei* var. *lesliei* × *L. aucampiae*）则会产生弱苗，而且这样的杂交又会回到一个简单的问题：这两个究竟是不是同一个种？黄花类和白花类之间的杂交通常是失败的或者会产生鲜艳粉花瓣尖的孱弱的怪胎。绿体黄花种如橄榄玉或蛇纹玉，容易与它们的相似种，即白花的茧形玉和大内玉杂交，毕竟它们的血缘都很相近。有争议称蛇纹玉和大内玉只不过是南北不同分布区域的同一物种。

跨属杂交只有少数成功的例子。紫勋玉 × 绫耀玉（*L. lesliei* × *Dinteranthus vanzylii*）（见图 205、206）的后代是强健的，吸引人的，特征完美地介于两者之间，而且是可育的——即使种子的特征也是介于两者之间的。而银叶花属金铃玉（*Argyroderma delaetii*）与紫宝翠玉变种或者菊水玉的杂交则会产生对高温敏感的后代（见图 208），它们需要更低的温度才能生存。然而"原始种" × "银叶花"，

1　比如翠娥假定的亲本是曲玉或者留蝶玉，可以通过杂交来检验这个结论。——译注

一种具有 50 年历史的杂交品种是通过一种生石花和一种银叶花杂交而成的（确切的亲本没有被记录下来），它是相当强健的品种。尽管每年夏天，它都会被晒成尴尬的粉色，但是一到冬天，它就会恢复，并且很容易分头繁殖。（它扭曲的种荚里充斥着扁平的不育的种子。）翠娥玉可以确定是跨属杂交的品种（见第 188 页和图 207），但是没有数据或人能说出它的父本。推测的母本是曲玉，但它就像沉默固执的海丝特·白兰一样[1]，不肯透露任何父本的信息。

生石花的种植

本书后半部分给出了每个种的简单栽培指南，大部分生石花还是非常容易管理的。如果每年都开花，那么它们就是健康的；如果它们不开花，要么就是不到开花年龄，要么就是光照不足、水分不足，或者养分过多（或者是多个原因叠加）。我自己的生石花种植目标是培育像样的、长期新鲜耐看的植株。这就意味着我的生石花必须快速地吸收老皮，避免体态臃肿，尤其是避免多层老皮重叠（比如：在同一个单头上存在着 2~3 层衰败的老叶），盆中的新头在春季能干净利索地破皮而出，株型矮化不徒长。另一个理想的目标是长寿，生石花是可以陪伴人们一生的植物。书中大部分植物是在 1976 年 7 月播种的，它们仍然会在未来的 20 年或许更长时间内保持生长、开花。

1　海丝特·白兰（Hester Prynne），美国作家纳撒尼尔·霍桑的代表作《红字》中的主人公。海丝特·白兰嫁给了医生奇灵渥斯，他们之间却没有爱情。在孤独中，白兰与牧师阿瑟·丁梅斯代尔相恋并生下女儿珠儿。白兰被当众惩罚，戴上标志"通奸"的红色 A 字示众。然而白兰坚贞不屈，拒不说出孩子的父亲。在文中的意思是假定的母本曲玉，没有告诉我们任何父本的信息。——译注

据我所知，可以考证的最古老的栽培种是纯系型的茧形玉。它采集于80多年前（见图152）。通过修根和分头，它依然像蘑菇一样新鲜［南非语中有一个恰当的词"splinternuut"可以形容这个现象（这个词意思是不破不立）］。事实上，重新恢复一簇生石花老桩的活力，不管它是否年代久远，最佳办法是给它一个全新的根系。方法要不就是砍去它的主根，同时让它重新生根，要不就是把分头一个个拆分下来单独种植。

生石花看上去很像石头，当然像，它们有着让人无法察觉的缓慢生长速度，有着石头般的质感以及冷冰冰的面容，但却会由于腐烂造成突然坍塌，这让人们感到反差如此强烈。这些一点也不结实的植物会在一夜间迅速死去。为了防止生石花腐烂，很多培育者给水过于谨慎了。我说过于谨慎是因为这样的给水方式使得生石花不能壮大自己的根系，如果在它们需要水分的时候不能给予适宜的水分，它们将面临危险。是的，偶尔一次，夏天大概一个月一次相当于一场倾盆大雨的水分就可以满足生石花的需求了。那些认为生石花从来都不需要水分的人让我想起了我的前房东，一次他看到我在给他认为是"鹅卵石"的生石花浇水时，表情十分诧异。

我们可以忽略栖息地的降雨规律。所有人工培育的生石花在春季或者秋季对水分反应强烈。不管是在自然栖息地的冬天接受降雨的种，还是夏季接受雷暴的种，都是如此。南半球和北半球的气候完全相反。当种植地点从南半球转移到北半球时，它们不会保留原栖息地气候下的特征，即它不会在北半球的9月（秋季）表现出春季（北半球的秋天是南半球的春天）的特征。生石花会对日照长度和温度的刺激做出反应，而不会对日历本上所谓的4月和12月做出反应。简单地说，年度浇水计划如下：

晚春和晚秋之间：保持每隔10天左右浇一次水，无论何时看到生石

图 29. '红大内'大内玉（Cole 81）的幼苗全景（大约 3 月龄）

图 30. 成熟的种荚：上边是干燥闭合的朝贡玉（Cole 159）的种荚，下边是湿透打开的寿丽玉"网纹型"的种荚

图 32. 几个月后的'红大内'大内玉（大约 10 月龄），移栽后将迎来快速的生长期

图 31. 浇水后的照片：曲玉"浅色型"在年度冬眠期后，随着浇水，干枯的老皮迅速从顶部蜕去

图 35. 紫勋玉幼苗全景图（大约 4 月龄）

图 33. 蛇纹玉 × 大内玉的播种苗（大约 2 月龄），这些幼苗显示出了两个亲本都拥有的典型的长裂缝

图 34. 水分，水分……寿丽玉"大理石型"（Cole 205）在炙热的阳光下照射一天后产生了皱纹，这表示它需要水分

生石花的种植

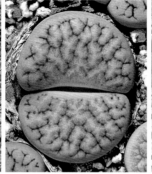

图 36. 主旨一致的自然变异体，荒玉（Cole 309）从同一批种子播种出来的 3 个不同个体

花侧面发皱并持续一个晚上没有恢复时也应浇水。（仅仅是因为夏季每天中午的热量导致的生石花的发皱是没有关系的，除非发皱是灼伤的前兆，见图 34。）另外在生石花刚蜕完皮或者在晚夏和秋季开花前需要浇水。

初冬：不需要浇水，除非植株塌陷得很厉害，或者目测（已经接受过授粉的）果实没有明显的膨胀。

晚冬：如果发现老皮没有裂开至暴露新叶的程度时，每隔 20 天或者更久浇少量水。

早春：给予 1~2 次中等水量，特别是发现新叶缺水发皱时。特里·斯梅尔（Terry Smale），一个杰出的英国种植者，告诉我在英国的晚冬和早春，不应该给水。因为英国冬天的阳光悲剧性地微弱，浇水会延缓老皮的吸收。或许在冬季阳光明媚的地方，如美国西南部、意大利南部、法国和整个南非，我的建议更加适用。

通用规则：不管什么季节，在炎热的一天后，我经常在晚上给生石花喷雾。生石花们似乎很享受喷雾，毕竟，夜晚是它们的生理活动高峰期；但是喷雾在那些潮湿凉爽的地区不适用，甚至是有害的，如英国。喷雾是我用来模仿生石花在原生地利用夜晚产生的露珠的现象。但是喷雾对那些老叶可能会保持一年多的植株不适用。那些老叶被大自然设计用来提供一整年的营养和水分，不多也不少。新叶交替过程就是营养回收利用的过程。

上面所说的是我自己的培育方式，其他种植者有他们自己的模式，也非常适用。（科尔不像我这么频繁地伺候生石花，但是他种植的生石花也非常漂亮。）浇水的时机很大程度上取决于新叶吸收老叶养分的程度、种植环境的热度和干燥度、种植容器的大小、黏土盆或塑料盆、光照量（从早上的全光照逐渐遮阴直到中午半阴，这样是最好的）。记住亚健康的植株需要更多的遮阴和（或者）水分！根系不好的植株如果立刻暴露在强日照下就会灼伤。这告诉我们，更深更好的根系与植株提高对热量和光照的耐受度息息相关。一个新移植的植株需要至少两个星期来重新扎根，保险点需要 2~3 个月。没过安全期的植株很容易"枯萎"，在此文中我们用到了"枯萎"这个看上去奇怪的词，枯萎通常用来形容叶子，这告诉我们离把生石花理解成两片叶子的植物还很远。

八月的光照

健康的生石花植株通常可以接受大量的光照，在英国夏天可以全光照。但是即便是在英国，也需要有良好的通风才能生长旺盛，否则 7~8 月正午的热量（或者光照）也能够将生石花灼伤。在地中海气候带，夏天需要适当遮阴，大概 20%~30% 就足够了。如果光照太弱（或者太强！），生石花会迅速褪色，变得灰暗；光照不好还会引起它们伸长脖子（即徒长），变得难看且容易腐烂。假设我的读者都有一个温室，如果没有，向阳的窗台可以维持生石花的良好生长（也有可能烤焦）。在地中海气候带，需要有一个简单的防鸟罩来防止一些好奇心过强的鸟类的侵袭。

生石花耐高温。据我所知，生石花可以忍受夏季50℃（122°F）的高温，并且持续数周。通常，如果给予50%~60%的遮阴，生石花甚至可以生长在"沙得拉的处境"[1]下。此时它们将会休眠并且停止生长直到热浪结束（凉爽的夜晚会缓解高温的损伤）。但是，保险起见，最好将它们置于温度较低处。高温天凉爽一点我会更开心，比如40℃（104°F），我想生石花也一样。另一个极端，一些（注意是一些不是所有）人工栽培的干燥并健康的生石花能够忍受至少-8℃的低温（17.6°F），我曾报道过一些存活于更低的温度下的生石花的实例。在任何情况下，极度高温、极度低温、极度光照都不利于生石花的上色。苏珊娜·梅斯（Suzanne Mace）的生石花养殖在没有遮阴的位于盖特维克机场附近的温室里，它们的颜色非常漂亮。如果生石花能在英国这样一个潮湿的环境下良好发色，那么它在任何地方都可以光彩照人。

如何正确上盆

生石花可以在各种奇奇怪怪的混合土中生长，配土最重要的一点是将你配制的混合土的保水性和你的浇水习惯相对应。只要混合土排水良好，那么就是可以用的。你可以同时尝试使用各种不同的栽培介质，但是统一使用同一配比可以让浇水更加简单。因为同一配比使得所有的生石花盆有相似的可预测的干燥速度。尽管这样，如果能关注每一盆植株将会取得最好最满意的结果。

下面介绍一些现在通用的混合土比例：

1　沙得拉为《圣经》中的人物，曾被扔入火堆中。文中"沙得拉的处境"是指极端高温的环境。——译注

A:1 份壤土＋1 份浮石或矿渣（粉碎的、富含铁质的红色火山岩）＋少许细沙砾；

B:1 份商业化的泥炭为主的盆栽混合土＋2 份细沙砾、珍珠岩或者浮石；

C:1 份椰糠（椰子壳的纤维）＋1 份珍珠岩或者集料[1]。

各种生石花在其栖息地的土壤类型不尽相同，我不能保证某种混合土是"真正可靠"的并能使所有生石花茁壮成长。如果混合土是肥沃的，某些植株可能会像球一样膨胀，甚至开裂,除非给予很少的浇水量才能控制。一些混合土如配方 C，只有很少甚至没有养分，我们需要及时补充肥料。

一些种植者喜欢多头的、巨大的植株，有一些则喜欢紧凑的、最多二三个头的植株。根系空间大的会长成巨大的株型，而根系空间受限的则会长成紧凑的株型，这只不过是一个个人喜好问题。无论哪种选择都可以找到其对应的野生模式，虽然同种的野生生石花很少长得像人工培育的那么大。人们经常可以在展览架上看到巨大的美丽的植株，这虽然有些超现实主义的色彩，但是不可否认的是，它们让人印象深刻，尤其是当这些植株上色时，那是无比瑰丽的。

盆的选择同样影响着配土和浇水方式。我个人喜欢黏土盆，因为它外表漂亮、通透、耐用。但我也用塑料小方盆，因为它很便宜而且可以省很多空间和时间。我用的盆没有放到本书的插图里，我的标准盆是 12×12×12 厘米的立方体。浅盆对所有种的生石花都适用，虽然它们会使植株矮小，并且需要（或者说允许）经常浇水。野生生石花有一条很深的主根，某些情况下也会有浅的侧根。主根主要是用来固定植株，侧根用来收集附近集聚的露水——特别是这些植物可自我吸收植株边上的露水。但是盆栽的根系并不需要像野生的那么发达。

生石花可以群栽，也可以单独种植。它们在拥挤的环境下生长良好，这种环境会使它们趋向于小型化、单头化（见图172）。同时拥挤的环境可以在最小的空

1　集料，有天然集料和人造集料之分，前者如碎石、卵石、浮石、天然沙等；后者如煤渣、矿渣、陶粒、膨胀珍珠岩等。——译注

图 37 和图 38. 曲玉 "春雏玉型"（Cole 381）的开花瞬间

间里展示出更丰富的多样性。通常来说，一个容器里面最好只种植一个种，因为不同的种有不同的生长周期，也需要不同的水量和遮阴量。就像亨利国王没有说过"每个锅都有一只鸡"[1]一样，不同种的混栽会引起生长不均匀。但是我不得不说，一些种植者在一个宽盆里混种了 20~30 个种，这些不同栖息地的生石花组合也长得很好。

1　引用自亨利四世的愿望：希望每一个农民在周日都可以享用一只鸡。后来在 1928 年胡佛竞选美国总统时引用此句作为广告，还在后面加了一句：希望每个后院都有一辆车。文中是一种幽默的引用。——译注

授粉，耐心，辛勤的"刷粉工"

　　尽管授粉是一件简单的事情，为了避免一些误区，我还想再提几点。首先，正常情况下的授粉需要在不同克隆株之间进行，即两株植物不是由同一植株无性繁殖而来，也就是说不是两个从同一株分头下来的两个植株。此外，花期要接近，开花后 2~5 天（从开花那天算起）。另外，在授粉阶段要保持花朵干燥。湿气会渗入花瓣并导致花粉失活。相反的，授粉成功后要给予生石花母本彻底的浸盆给水，这样可以提高种子质量。

　　当生石花准备开花的时候，中间的裂缝会提前打开（我曾经亲眼看到过裂缝打开的瞬间，这是一个不可思议的过程，虽然只有一次。我似乎能听到裂缝打开时轻轻的"砰"一声）。在裂缝打开后,花蕾出现了,就像是探出的长着萼片的"小舌头"。在两星期后（常常短于两星期），花朵会打开。通常，生石花会在下午两点到五点开放，在黄昏前闭合。在花初开时，我们会观察到它的花粉没有成熟，花药中只零星分布或者没有粉状的花粉，花的柱头还不能接受花粉。开花第二天，花瓣会开得更大（开放时间会比第一天略早），花粉开始散落，但是花的柱头还是不能接受花粉。到了第三四天，柱头开始膨大，花粉开始老化。当柱头成熟的时候，你会看到分散于黄色或者白色的花药丛中的绿色或黄色的丝状物（即雌蕊）。你可以用一把小软刷收集花粉，然后将它轻轻地涂在柱头上。在接下来的 2~3 天，重复这个授粉过程。（刷子的质量越好，能夹带的花粉就越多，所以有必要去买一些高质量的黑貂毫笔并妥善保存。授粉完成后需要清洁并用异丙醇消毒。授粉笔的毛在清洁完以后需要复位。）

　　如果温室温暖并在正确的时机授粉成功后，花瓣会迅速老化。有效授粉一星期内，子房会逐渐膨胀，花瓣最终变成红色或者黑色。不久果实就膨胀成了一个丰满的、绿顶的"纽扣"。有时果实会隐藏在生石花的裂缝中；有时则横跨在裂缝之上，这使得它完全暴露在外面并容易受到伤害。从生石花生存的角度来看，前面那种隐藏的位置是最好的。暴露位置的种荚容易被饥饿的树螽啃食。

除了异花授粉，偶尔生石花也能自花授粉。如果生石花雌蕊沾染了自己雄蕊的花粉，有时候也会产生正常的果实。即使没有沾染到任何花粉，也有可能会产生果实。我不知道是什么原因解除了生石花对自己花粉的排斥反应，但是这确实发生了。如果要验证这种情况，我们需要确保生石花绝对接触不到其他可能的生石花的花粉，隔离生石花是必要的。生石花很容易杂交，所以我曾经叫它们"有爱的石头"，生石花中关系密切的种之间的杂交会产生一些意料不到的结果，这最终会导致我们永远搞不清楚的谜团（即无法确定亲本）。所以有必要将亲本隔离开来。有时通过引入其他属的花粉也可以导致自花授粉，如使用肉锥属的翼玉（*Conophytum herreanthus*）、棒叶花属的五十铃木玉（*Fenestraria rhopalophylla*）或者银叶花属的金铃玉的花粉。这些花粉可以打破自花授粉的壁垒，但是不参与真正意义上的基因融合，这些花粉只是类似于催化剂的存在。注意，所有的生石花都是双性花，包括了雄蕊和雌蕊。有些"怪胎"存在雄蕊的花丝，但是在花丝上却没有花药，虽然这些"怪胎"不能提供花粉，但还是能够接受花粉。给生石花去雄，可以防止自花授粉，但是这需要细致的操作。

播种和催苗

探索和享受生石花最好的方法就是从种子开始种植。从生石花播种到你死去，这是一个漫长而有趣的过程。就像浇水一样，提取种子也有很多方法，这里我仅粗略地提一下对我而言行之有效的两点。在干燥的情况下，生石花种子可以保存很久，它们在 20 年内都有活性。最好是将种子保留在种荚里面。在用手指小心地捏碎种荚后，种子可以通过慢慢地过筛得到。另外，最好去除种荚残渣（果实外壁的碎片和其他附属的纤维），因为这些物质很容易发霉。此外，我们还可以将种荚浸入一杯水中来分离种子。大部分种子会在浸泡后几分钟内脱离，剩下的可以用软毛刷或者镊子取出。种子取出后，将它们倒在纸巾上，等它们干燥后放入纸封室温保存，或者马上播种掉。

生石花的播种最好在仲夏进行，播种容器应放置在室外通风有遮雨顶棚的花架上。播种盆可以选用 8×8×8 厘米的塑料盆，配土参考成年植株配方 B（在上文中有提到，但栽培介质要用 2 毫米筛子过筛，并且每穴的表面土都要仔细整平），在介质上需要铺一层薄薄的细沙（注意是薄薄的一层，种子在厚厚的覆盖下面容易腐烂）。播种盆需要从底部浸一次盆，然后用玻璃或者塑料膜覆盖几天。覆膜的目的是为了让种子充分地接触水分。在第三或者第四天，需要除去玻璃或者塑料膜，用细网眼纱或者筛网替代，并且播种盆需要每天喷雾 1~2 次。部分种子会在一周内萌芽，大部分会在两周内萌芽。达到 100% 的发芽率无论是对你还是对生石花种子本身而言都是有可能实现的目标。发芽速度部分依赖于外界温度，当播种盆置于 15℃（59 ℉）~30℃（86 ℉）时，发芽率最高。

保持筛网覆盖，因为这可以提供一些遮阴（在光照更强的地方需要使用更多的遮挡物）。每天仍然需要喷雾，除非你想实验自然雨水对播种的各种影响并且有足够可靠的降雨来维持生长。（通常，毛毛细雨是最好的，但是过大的雨水会适得其反，导致全军覆没，苗都被冲走。）每隔几天需要一次大剂量的喷雾，以免播种盆损失太多水量，但也不能使盆土完全浸胀！大约三周以后，可以周期性地减少喷雾量。我经常在喷雾的水中添加少量的肥料。

当子叶膨胀形成微小的圆柱形或者圆锥形时，它们会获得一些多肉植物的特性，即拥有一点——只有一点点——抗旱能力。随着身体的伸长，我们可以再铺一层薄薄的细沙，这会给它们提供支撑，保持水分，并防止一些尖眼蕈蚊属的害虫的侵袭。播种盆永远不能过涝，否则会引起腐烂。尤其当播种很密集——大概

8厘米的盆中播种100粒——的时候更容易死亡，虽然从某方面来讲，它们很喜欢身体相互支撑以及相互覆盖的微共生环境。健康成长的小苗具有抛光的青铜色，如果小苗看起来很绿，质地很柔软，这个时候我们应该小心地检查一下光照程度了。如果小苗一下子变成了骨白色，那么就说明光照太强，它们不能适应突然变化的环境。

3个月后，子叶会变得很肥厚，但是很快就会被里面孕育的新叶吸收。新叶会在晚秋时分撑破老皮。现在这些小苗看起来像微型的成株了，虽然它们顶部的纹路还没发育成熟。这是植株给我们的提示，养护可以粗放一点了，即可按照成株的方式来养护这些小苗了。除了上述所说的之外，规律性地给予薄肥，小苗会生长得更好。在下一个春天或夏天来临之前尽量避免移苗，除非你心灵手巧或者喜欢用杀真菌剂。在子叶被完全吸收，真叶真正成熟后，才是移苗的最佳时机。如果你的小苗有3对饱满的叶子，那么就表明你浇水或者施肥过度了。然而有些时候叶子的堆叠不可避免，保持根系活性比幼苗期的干净整洁[1]更加重要。有时候人们为了节省时间而催苗，他们会让播种苗频繁地蜕皮，这使得它们有可能在10~12个月龄开花。

生石花在一年四季任何时候都可以在补光光源下播种。播种操作如上。虽然小一点的播种盆更加安全，但是播种介质最好还是要先在微波炉或者普通炉子里消毒（想象你在烤一个有毒的马铃薯）。同样，覆膜需要在4天后移除，否则土壤会酸败。在光照下发芽通常很快（3~10天）。但是就像在室外播种一样，常常有几批几个星期没有动静，然后出乎意料地出苗。小苗如果能不断地提供光照和近距离的吹风，那是最好的。使用这种方法，小苗生长迅速，但是除非播种盆离开光源很近（15厘米左右），不然小苗会很孱弱。3~4个月以后最好将小苗移至

1　幼苗期的干净整洁是指没有老叶堆积。　——译注

温室（或许先放在温室的长架下面更好）或者阳光明媚的窗台，需要放在一些大盆植物的中间或后面以获得一些遮阴。生石花可以永远置于光照条件下栽培，不过在 6 个月后，每天需要给予 14~18 小时的周期性光照来模拟"白天"。光源可以是普通的"冷光"荧光灯结合一些昂贵的宽光谱植物生长灯。

值得注意的是，有时候种子会不发芽。即使我们使用了通常使用的正确播种方法，但还是一无所获。失败的原因不是很清楚。但是如果所有的种子在一个月内都没有发芽，我会干燥播种盆，然后放到阴暗的角落，彻底忘掉它。等几个月后再次浸盆。有时，我甚至会在雨天将它放在筛网下淋雨。常常令人惊讶的是，不久之后种子就会成片萌发。这是否暗示着有某种发芽抑制物的存在，这种抑制物会随着种子被不断地浸湿而除去？我不知道为什么科尔（1998）会提出种子在保存一年后发芽更好的观点，这或许也暗示了种子发芽抑制物的存在，而且这种抑制物会随着时间慢慢去除。这使得很多人认为生石花种子就像酒一样，越陈越好。然而，我认为种子可以在种荚完全干燥后取出立刻播种。如授粉后 8 个月左右，我的很多新鲜出炉的种子发芽都很好，而且我也不愿意等那么久。不管它们的存放时间长短，种子有时会出现一种波动性的发芽模式——在数周（甚至数月）以后又会出现两三波迟到的出芽高峰——我怀疑这某种程度上是因为种子在种荚里的位置不同，或者种子大小不同造成的。因为即使在同一个种荚，有些种子非常饱满，似乎比其他种子得到了更好的营养。

有些种类生石花种子的平均尺寸大，有些种类生石花种子平均尺寸小，但是无论种子的平均尺寸是大是小都不影响发芽率。然而，种子的尺寸和死亡率有一定的关系：巨大的种子，如紫勋玉，常常产生巨大的抗性强的子叶；小种子，如太古玉（*L. comptonii*）、大津绘玉，甚至更小的种子如寿丽玉、朝贡玉，在一定程度上更容易得立枯病。（著名的 Chinosol 试剂，即羟基喹啉，是一种对付这种疾病的无毒性的、有效的药剂。）当然，小型的播种苗也容易受到动物致命的啃咬。

值得注意的是一个 8×8×8 厘米的播种盆可以轻松容纳 50~150 粒种子并保持一年。一半大的播种盆当然只能容纳相应减少量的种子。这个数量是假设播种者撒种均匀不造成拥挤的情况而定的。撒种均匀，出苗后就会像一层牢固的、水平的垫子，挤压藻类的生长空间，并保持相对统一的生长速率。我曾经尝试在一个更大的播种盆中点播，将种子像网格一样排列，并保持相对宽敞的间距。我希望这会减少早期移苗的劳动量！这在理论上是正确的，但实际上却失败了；毕竟在合适的时机进行移苗能促进生石花的生长。

病虫害和缓解方法

通常，生石花成株是容易管理的。但是仍然存在着一些我们意想不到的令人心痛的腐烂现象。无论是夏天还是冬天都有可能发生腐烂。腐烂有多种不同的类型：急性的如果冻般的腐烂，并散发出恶心的培根和过熟的鳄梨般的臭味；慢性的干性腐烂，犹如白蚁咬啮木材一样，然后发展成全身性腐烂，并慢慢传染到盆中的其他植株（假设种植者愚蠢或顽固到没有第一时间将未受侵袭的植株移盆）。预防永远比治疗更加有效。预防方法有：密切关注每一盆（每盆生石花的干燥速度不一样，毗邻的生石花土干了并不意味着这盆生石花土也干了，所以不要通过毗邻的生石花盆土的干燥程度来浇水）；关注季节敏感性的植株（如招福玉对潮湿闷热的气候特别敏感）；避免盆土长时间潮湿；最重要的是保持良好的通风。比较稳妥的做法是清晨浇水。但是不浇水不是最安全的方法！

生石花容易受到粉蚧的侵袭，尤其对于开花的植株更甚，粉蚧容易爬过盛开的花朵最终进入到张开的叶缝中。内吸式杀虫剂是解决大规模虫害的最佳办法。少量的粉蚧可以使用异丙醇进行抵御。根粉同样是潜伏的危险。如果虫害很顽固，无法根治，为了防止复发，最好的解决办法是彻底修根，正如上文所说的（第47页），修根还有助于植株的复壮。尖眼蕈蚊属的昆虫也是一大危害，尤其是对幼苗；它们的幼虫侵犯幼苗的基部，最终使得整个植株像蛀空的树一样倾倒。我们可以密切查看苗盆，或者通过电风扇鼓风来防止蕈蚊的侵害。如果人工鼓风够强的话，可以阻止蕈蚊停落！

另一个问题——确切地说这不是一个疾病，但是肯定是一种让人不舒服的现象——是在生长过程中产生畸形：叶片裂缝有奇怪的裂伤，侧面布满不规则的槽纹，就像是刚经过打磨机器的尖刺一样。这种现象尤其让我不安，因为这比20年前出现得更加频繁。我猜想有可能是一种病毒导致，但也有可能是微小的螨虫咬啮，或者听多了"摇滚乐"[1]。在很多情况下，植株一年比一年长得像"弗兰肯斯坦医生创造的怪物"，当然也有一些运气好的例子是完全恢复了。

生石花毁容现象的产生可能和繁殖迅速的温室蓟马有关，也可能无关。那些被称为苜蓿蓟马的害虫是造成番杏科和其他多肉植物多种类型表皮损伤的原因，特别是奇鸟菊属（*Mitrophyllum*）[2]和舌叶花属（*Glottiphyllums*）[3]。这些蓟马同样会攻击生石花柔软的、新形成的叶子。它们在花季，通过新裂开的裂缝进入生石花体内。花朵原本是蓟马的首要攻击目标，但是蓟马习惯于在花朵附近绕来绕去，造成了额外的损伤。蓟马还能传播病毒，所以控制它们显得尤为重要。可惜的是，蓟马很难控制，因为它们是单性繁殖而且繁殖速度非常快。幸运的是，一些"聪明的"生物学家最近似乎想出了控制方法[4]。有一次我把一株可疑的带有条纹伤痕的曲玉

1　一种幽默的说法，指这些畸形的生石花就像摇滚乐手的身着一样怪异。——译注
2　属于番杏科，全属只有6个种，代表种是不死鸟（*Mitrophyllum grande*），注意非景天中的不死鸟。——译注
3　舌叶花属是一种包含了57种亚热带多肉植物的番杏科的属。名字来源于希腊语"γλωττίς（glottis=舌头）"和"φύλλον（phyllos=叶子）"。——译注
4　是一种幽默的说法，即后面提到的"吃掉它们"。——译注

标本送到意大利一个病毒实验室。一个实验员匆忙地将它放到了实验室冰箱里，结果该样本还没被研究，另一个工作人员就把它吃掉了，估计是把它当成了异域的牛轧糖。

上述所说悲剧列表中并没有提及三瓣重叶现象：有些生石花的裂缝有点像"和平标志"[1]，每个头都有三个差不多大小的叶片（图225），而不是正常的两个。有些会在下次蜕皮后恢复正常的两叶形态，有些则从出生开始到蜕皮之后持续保持三叶的形态。有些植株在身体的侧面有奇怪的"草莓色"般印记（锦）——霓虹灯似的表皮斑块和条纹，这和普通的体色相比尤为鲜明。但是这通常只是持续单个季节的"诅咒"或者"欢乐"。

老叶下的尤物

定植好的生石花可以保持20年不移盆。1979年，我给我的最后一位钢琴老师一盆用黏土盆装的柘榴玉（*L.bromfieldii*），那位钢琴老师一直很喜欢布鲁克纳（Bruckner）[2] 的永恒交响乐。在1998年年末，他问我是否需要给他可爱的"巧克力蛋糕"[3] 移盆时，我只给了一些植物用的肥料。大多数种植者都不喜欢闲着。当然，当生石花超越土面过高，或者相反，由于土壤流失导致植物位置下降，或者当生石花看起来松弛或异常苍白时，我们应该移盆了。当我给生石花移盆时，首先需要用水冲洗，我常常惊讶于它们那微小的根毛能对水分做出那么快的反应：顷刻间根系伸展开来，新的、白色的根毛积极地向远处延伸寻找养料。

1　和平标志： ，即反核战标志，是当今世界被广泛使用的标志之一。——译注
2　布鲁克纳（1824.09~1896.10）为奥地利音乐家，以交响乐、赞美诗等闻名。——译注
3　指的是他的生石花。——译注

对于一些状态不佳的生石花，仅仅用水冲洗是不够的。我常常把它们浸泡在含有少量肥料和维生素 B_1 的水溶液中。浸泡时间持续几分钟到几个小时不等。通常，我还会移除它们所有的老叶，这样做不仅能够有利于生石花的快速恢复，还揭开了生石花颜色最为微妙的一面，因为叶幔（叶侧上部，常常也被称为"叶肩"）体现了生石花迷人的曲线美和微妙的色彩美；这部位的颜色是如此闪耀，似乎都能看到细胞。叶幔没有图案和纹理，因为在栖息地，这部分通常是被埋在土下或者/和被老叶（会通过风或者自我降解消失）所包裹，因此它常常是有些柔弱的。

移盆后，我通常会用碎石或者细沙砾铺面。我不会刻意为了和植株搭配而追求铺面的材料，虽然偶尔搭配出来也会很好看。铺面可以减少浇水次数，支撑植株自己散落的种子长出的幼苗，并抑制藻类生长。白色或者浅色的碎石比深色的材料要好，因为深色会导致过热。

生石花和它们的演变

通常的理论认为生石花属——叶片极限退化和聚集的代表植物（图41）——是从多叶的、不那么紧凑的植物演变而来。如施万特斯自己提出的，明显的祖先是魔玉属（*Lapidaria*）和状卵玉属（*Schwantesia*）。这些属都有共同的特点，尤其是花、果、幼苗（这三个属紧凑的、平顶的子叶就像缩小版的生石花成株）。但是魔玉属和状卵玉属缺乏生石花属关键的截形叶面、窗面，从而缺乏随之而来的叶面纹理。另外它们叶面平坦，无点纹，只在颊骨般隆起的叶片龙骨上有纹理。（这些叶片的龙骨有时也会在生石花中出现，通常只是表现为略微凸起，看上去没有

图 39. 享受最佳阳光的魔玉，阿赫内斯附近，1989 年 3 月

图 40. 状卵玉属的 *Schwantesia borcherdsii*，阿平顿，常年保持多个齿状对叶

那么光滑而已，不会像魔玉属和状卵玉属那么突兀。）

可以说魔玉是原始的生石花，但是有人或许会问：魔玉的原始种是什么？为什么生石花从魔玉中演化出来，而魔玉[1]（*Lapidaria margaretae*）却稳定地保持了它的祖先的特征？当然，魔玉虽然没有成功演化成叶片极限退化的状态，但是它却完美地适应了栖息地的生活（此栖息地还生存着其他各种平顶的生石花），这意味着它不需要进一步变化。[生石花的"原始的"简单果实结构也同样基于此原因，番杏科（Mesembryanthemaceae）其他种的果实结构很少有比生石花更加简单的。]值得注意的是，魔玉属是单种属，属下只有一个种，即魔玉。它们的分

1　魔玉属是单种属，*Lapidaria margaretae* 是魔玉属的唯一一个种。——译注

布广泛（瓦姆巴德—波法德尔—阿赫内斯），但是各个种群之间区别很小，主要是叶型大小和分头程度的区别。

　　虽然魔玉缺少类似于生石花的用于伪装窗面纹路，但是它们不融合的叶子有着和石英石碎块相似的颜色和形状，这使它们仍然获得了很好的伪装。魔玉不融合的叶子在一定程度上有点像"绿色"的原始种生石花，如美梨玉等；还有其他一些生石花（如菊水玉、青磁玉、太古玉），也具有差不多开度的不聚合的叶片，叶片上面也没有特殊的纹理或者有颜色的纹路。如果认为叶片聚合程度越高，演化程度越高，那么我们就会联想到许多叶片高聚合状态的其他生石花，如曲玉、寿丽玉、丽虹玉（*L. dorotheae*），有时，它们还有着精细的纹路。魔玉属和状卵玉属开全黄的花，而一些绿色的"原始"生石花的花瓣是黄色的，但基部却是明显的白色。所有这三个属的花的尺寸都很宽大并且很容易授粉成功。

图 41. 理想的生石花全株手绘图，它的对叶聚合成一个倒圆锥形。老叶退化成薄薄的一层脆皮，在图片中，就像裙子一样包裹着这个倒圆锥形

繁琐的系统分类或有序的园艺分类[1]

　　从分类学上来看，生石花属是一个很难处理的属：所有的生石花看起来都很"生石花"，这就是上面我提到的属内关联性。一些番杏科其他属的植物外表看起来很像生石花，但是对这些属的鉴别从来都不是问题。银叶花属的花是宽而浅

1　繁琐的系统分类指的是科学的、学术性的系统分类法；有序的园艺分类，是指史蒂文自己提出的分类法。见下文。——译注

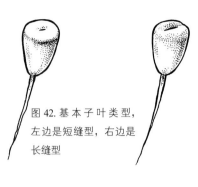

图 42. 基本子叶类型，左边是短缝型，右边是长缝型

的，它们的果实结构是复杂的；春桃玉属（*Dinteranthus*）的种子是超级小的，由此产生的子叶也是很小的；肉锥属的花瓣基部通常是聚拢的（生石花的花瓣相对自由，花瓣之间没有关联）；拈花玉属（*Tanquana*）的叶片柔软并有蜡质；胧月属（*Vanheerdea*）的叶子有齿纹。与其他属相比，除了一些微小的混淆点，生石花属是一个绝妙的清晰的属。春桃玉属的绫耀玉（*Dinteranthus vanzylii*）是唯一一个从生石花属中分离出去的种，它有着和生石花属非常相似的特征（见图 44a、44b、46a、46b）。

生石花属在 1922 年由 N. E. 布朗创立。一些植物学家于 1930 年前（左右）在先前的超级大属即日中花属中进行了不懈的筛选，并合理地将一些种归入到了生石花属，这使得生石花属这个概念立刻被人接受。从 20 世纪 20 年代末期开始，人们相继提出了各种生石花属内鉴别标准。尼尔于 1946 年提出了"有窗型"和"无窗型"的亚属鉴别标准，但是这个鉴别标准是令人困惑且不能普遍适用的（如朝贡玉就被同时划入了"有窗型"和"无窗型"亚属）。紧接着，作为系统分类学家的施万特斯继承了尼尔的工作，基于花色的不同和叶缝的长短，他提出了另外两个亚属。

花色和叶缝的长短（更确切地说是裂缝结构）有着强烈的但是不完全的联系：大多数黄花种在宽子叶阶段[1]（在子叶的正上方）有着酒窝般的短缝，白花种的子叶接近圆柱形（不考虑黄花种突变成白花的情况），它们有着更长的裂缝（见图 42）。同样，白花种和黄花种在其他方面也有很多区别，尤其是种子特征。白花

1　子叶比较宽，体型像圆锥。而不是白花的接近圆柱形。——译注

种有着更小的、更浅色的种子。因此，基于其有效性，施万特斯的鉴别标准目前仍然适用。美国植物学家罗伯·华莱士现在认识到了，有三个核心组，而不是传统的两个[1]。第三个核心组只包括一个种，即有着红宝石般突起的、特有的、独一无二的朝贡玉。

对于生石花的下级分类（种，亚种，变种）有很多解读方法。本书采用的方法全部是科尔分类法。我想即使我对于生石花的分类有其他想法，也不会改变很多，因为科尔分类法有着整体逻辑性和一致性。另一方面科尔传播出的生石花植株遍布世界，科尔关于分类的概念也深入人心，人们觉得从源于科尔的植株入手最能理解科尔分类法。科尔划分了35个种生石花（如果翠娥玉不算的话是34个种）和52个种以下

的下级分类，即亚种和变种（当他的书出版时，彩妍玉还没被发现；算上彩妍玉的话，应该是36个种或者35个种）。正如科尔认识到的一样，一些种的变化体不能明确归类，于是它们就被列入了"变种"范畴。变种的一些特征常常会和主体种的特征混合或者交叉。亚种通常应用于那些离群的和与推测的近邻有着一些形态学上或者花色上的改变的种群。见下文中的荒玉，这是一个很好的例子。

生石花的分类很难，因为生石花种群之间甚至一个种群之内都可能有着不可思议的变化度。生石花植株之间的类型变化如此广

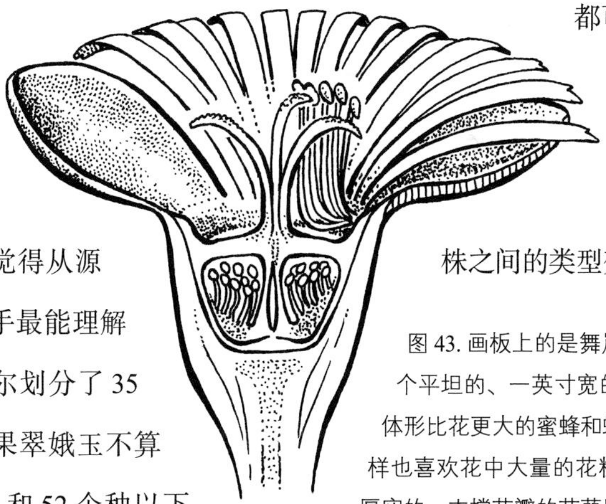

图43.画板上的是舞岚玉亚种。这个平坦的、一英寸宽的花朵吸引着体形比花更大的蜜蜂和蝴蝶；甲虫同样也喜欢花中大量的花粉。注意那些厚实的、支撑花瓣的花萼以及触碰到弯曲的柱头顶部的花药

---

1 两个传统的核心组即白花组和黄花组。——译注

泛，以至于无法找到一个所谓的"模式株"来作为鉴定标准，并且，有时这些变化可能本身就在标准种的变化范围之内。尼尔指出，鉴别的主要标准在于叶片的顶部变化，但是，众所周知的是，叶型是高度可变的，因此不能作为稳定的鉴别标准。举个例子：如果我们仅仅意识到叶型的变化，那么我们是否会察觉到雀卵玉变种（*L. bromfieldii* var. *mennellii*）其实是一个独立的实体？或者换句话说，我们是否会仅仅将雀卵玉变种认为是柘榴玉的一种浅色叶子、暗色脉络的类型？[1] 然而虽然某些雀卵玉变种是地理上一个独立和稳定的存在（如 C44 和 C283 种群），但是这并不否认它（或者它的类似物）仍然作为一种罕见的浅色叶子的变体存在于某种多如流沙的柘榴玉变种（*L. bromfieldii* var. *bromfieldii*，如 C368）中。如果不是这个原因，人们很可能将它当成一个很好的亚种[2]。换句话说，雀卵玉变种从来不出现深色的体色，甚至不出现锈红色，而柘榴玉变种有时却出现提示是雀卵玉变种的浅色体色。这时我们会趋向于认为雀卵玉变种产生的变化是属于柘榴玉的变化范围之内。之所以说雀卵玉变种产生的变化是属于柘榴玉的变化范围之内，而不是说柘榴玉产生的变化是属于雀卵玉的变化范围之内，是因为一方面文献中柘榴玉这个词出现得比较早，另一方面柘榴玉的分布更为普遍。

花的剖析迄今为止在生石花分类中起到的作用甚小（图 43）。除了最初只用难看的花瓣颜色来警示我们关注一些营养方面的问题之外，还有其他很多方面值得研究，包括：萼片数量和纹理；花瓣宽度和数量；花瓣颜色的分布（全黄色、基部白色、中心白色等）；着色程度［如碧赐玉花是黄褐色的，不同于微纹玉（*L.*

---

1 如果我们仅仅从叶型变化来看，而不考虑到某些雀卵玉变种种群的地理独立性，我们可能会认为雀卵玉变种产生的变化在柘榴玉标准种的正常波动范围之内，而不是独立的实体。——译注
2 雀卵玉变种（如 C44 和 C283 种群）在地理上是独立、稳定存在的，按照亚种的概念，如果是离群存在，在形态学或者花色上有变化，那么应该是归为亚种。但是后文提到在柘榴玉变种（如 C368 种群）中同样存在着浅色叶子（雀卵玉的特征），雀卵玉变种和 C368 种群是交叉存在的，而不是离群存在的，这样就不符合亚种的概念了。因此只能划分为变种。——译注

图 44a. 绫耀玉和生石花属的区别在于它拥有非常小的种子和泡状子叶

图 44b. *Tanquana hilmarii* 柔软、富含蜡质的对叶。它的发现者是希尔马·卢克霍夫（Hilmar Lückhoff），他最初将这个属当成了生石花属

fulviceps）的亮黄色〕；花瓣的体位（直直地向外、有弹性的弯曲、像干草一样松弛），以及花瓣表面清澈的纹理；香味（许多新奇的和无以言表的气味是可以辨别的）；花的衰败速率以及花衰败初期的颜色变化（如荒玉的花瓣会在花朵还处于新鲜状态就变成清晰的红色）；花丝的数量和质地，它们基部的镶边以及花药的形状——更不用提花粉的微观结构。从宏观上看，人们可以辨别各种花粉的颜色——富贵玉的花粉有煮熟的甜玉米的黄色，寿丽玉的花粉有未染色的黄油的颜色——但是在同一个种内花粉颜色也会不同，如花纹玉（*L. karasmontana*）会在同一个种群里出现白色和黄色的花粉。

果实同样处于尚未研究状态。生石花果实是一个有意思的腔隙，它与文中特别强调的其他属的果实截然不同（图 45）。生石花果实在演化过程中，没有大幅度地改变，它们缺少其他结构精细的多肉植物的果实中拥有的支撑物和固膜，如拈花玉属。生石花果实的简单结构对我们的研究而言具有挑战性，我相信在不远

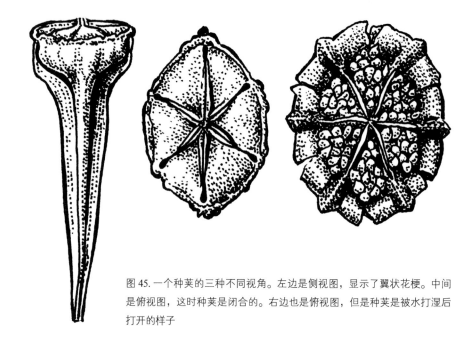

图 45. 一个种荚的三种不同视角。左边是侧视图，显示了翼状花梗。中间是俯视图，这时种荚是闭合的。右边也是俯视图，但是种荚是被水打湿后打开的样子

的将来，会有很多迄今为止没有剖析过的果实类型被发现。典型的生石花果实被简单地分成4~6个部分（很少的情况可以有12个部分），果实内部没有封盖和挡板。种子并没有紧紧地嵌入，它们会随着一场小雨弹出。科尔夫妇剖析了很多果实的形状，他在《开花的石头》一书中记录了很多有趣的细节，这里不再赘述。我们还可以观察果实的质地：有些种荚很容易破碎，有些种荚在种子未完全清空的时候仍然保持完整。

这里我也要提一下一些现代化分类方法，包括按单宁类型、种子表面类型和萃取酶类型分类等。按酶和种子细节的分类超出了本书的知识范畴，但是单宁点[1]还是可以在老叶中轻而易举地观察到。单宁排列的研究始于德波尔和达格代尔（Dugdale），然后由华莱士（1988）接手。他们的研究是科尔分类依据中不可或缺

图 46a. 纳米比亚的肉锥属拉登（*Conophytum ratum*）。图片上的颜色是它们在晚春季节的主色调；但是在冬天生长季的时候，它们是浅绿色的

图 46b. 肉 锥 属 勋 章
（*Conophytum pellucidum*）
大肆展示着它们的花朵，
它们的花瓣基本上是聚合
的，这不像生石花属的花
瓣那么松散，花药则害羞
地隐藏在长长的花梗深处

的一部分。具体的内容，读者可以参考科尔的书，他的书给出了所有分类的单宁类型。华莱士的研究数据普遍支持科尔的分类结论，一个明显的例子是古典玉（*L. francisci*）和源氏玉（*L. gesinae*，具体见下文的源氏玉描述），先前费恩的观点是两者是同一种，然后单宁的证据表明这两个不是同一种。[1] 本书将列举一些种的单宁类型用来帮助理解它们的血缘关系。

在后文的主要内容中，种将以英文字母顺序排列。虽然我更喜欢基于绿色素减少度、叶片分开度、构造复杂度和叶片聚合度的增加来排列。这样排列虽然增加了趣味性，但是作为一份参考指南可能会引起混乱。尽管如此，我还是想让读者考虑一下以下的排列，这个排列一部分基于地理位置，一部分基于我自己的想象力，这是一个相互关联的或者连续的排列。

丽虹玉 *dorotheae* →	神笛玉 *dinteri* →	柘榴玉 *bromfieldii* →	微纹玉 *fulviceps* →	招福玉 *schwantesii* →
柘榴玉（辉耀玉变种）*bromfieldii (glaudinae)* →	富贵玉（丸贵玉变种）*hookeri (marginata)* →	日轮玉 *aucampiae (hornii)* →	紫勋玉（保留玉变种）*lesliei* →	古典玉 *francisci* →
源氏玉 *gesineae* →	碧赐玉 *vallis-mariae* →	留蝶玉 *ruschiorum* →	曲玉 *pseudotruncatella* →	拱月玉亚种 *archerae* →
招福玉 *schwantesii* →	荒玉 *gracilidelineata* →	云映玉 *werneri* →	彩妍玉 *coleorum* →	碧琉璃玉 *localis* →
宝翠玉 *divergens* →	太古玉 *comptonii* →	美梨玉 *viridis* →	大津绘玉 *otzeniana* →	橄榄玉 *olivacea* →
青磁玉 *helmutii* →	玛瑙玉 *naureeniae* →	菊水玉 *meyeri* →	双眸玉 *geyeri* →	保留玉变种 *herrri* →
大内玉 *optica* →	茧形玉 *marmorate* →	臼典玉 *villetil* →	李夫人玉 *salicola* →	巴厘玉 *hallii* →
寿丽玉 *julii* →	花纹玉 *karamontana* →	福寿玉亚种 *eberlanzii* →	大内玉 [2] *optica* →	

注意，举个例子：图 126 和图 128；图 58 和图 108；图 103 和图 157！我们也可以倒着读这张列表。另外注意，我没有含糊地放上朝贡玉，在很多情况下，它是

---

1 原文中的 exception 为笔误，应是 example。即科尔根据华莱士的单宁研究，将古典玉和源氏玉分成了两个不同种。——译注

2 前一个大内玉指北方种，纹少、透明；后一个大内玉指南方种，即多纹大内玉。——译注

最极端的种。

在科尔的分类体系中，只列举了各个分类，而忽略了分类之间血缘关系明显相近的种的衍生层次关系，而这种衍生关系就像一篇文章构成中的"段落"和"分段落"一样[1]。在很多情况下这些衍生关系都很明显，比如神笛玉和丽虹玉，是密切相关的，每一位善于观察的爱好者，特别是播种者，肯定注意到了这一点；微纹玉和招福玉同样也是血缘相当接近的。说上述两个"种对"[2]之间血缘相关也许是安全的，但是没有那么明显。

了解衍生规律对我们帮助将会很大：是红斑点的神笛玉衍生出条状纹路的丽虹玉，或是相反？抑或这两者都起源于纹理不甚复杂的招福玉？或者是起源于柘榴玉这个外貌介于两者之间的貌似合理的中间种？平行的纹理似乎不大可能独立地出现。我期待未来的工作能够设法解答这些条纹母代和点纹子代的问题。还有那些红色的纹路有什么用途？是内部脉络的外部呈现，还是外部装饰——为了"拟态"引入的？为什么这些漂亮的纹路看起来没有必要？（这些漂亮的纹路是否曾经起到过作用？）在历史上，生石花的栖息地是向北移还是向南移的，或者是从纳马夸兰的某个中心向四处辐射的？是否曾经有一个或者几个生石花原始种？从一元论—系统分支的观点来看，生石花不大可能是单一起源的属（单一血统）？这些问题仍然亟待解答。

1　科尔分类中没有阐明一些相近的种的血缘关系。如后文提到的神笛玉和丽虹玉，它们可能有衍生的关系（不清楚是神笛玉衍生出丽虹玉还是丽虹玉衍生出神笛玉）。科尔仅仅是将它们当成各自独立的种进行分类。——译注

2　即（神笛玉，丽虹玉）和（微纹玉，招福玉）这两个种对，种对之间或许存在血缘关系。——译注

描述和不会出现的特征[1]

关于生石花的描述，很大部分依赖于半主观的隐喻，如面部、海、岛、半岛、膜、窗面、沟、鸡爪、唇、脓疱、丘疹、肩、裂缝、头和身体。这听上去有点像对麻风病人的描述，但是这些描述都有自己的意义。研究那些立体的碎纹隐喻（如在带裂缝的窗面上的岛状纹路）是很有意思的（图47）。下面是对上述描述的一些有帮助的解释：

图 47. 一个假想的复合生石花

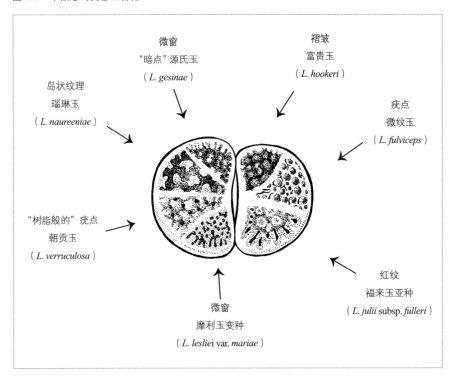

生石花的顶部截面称之为"面部"，面部常常"窗面化"，即呈现出一定程度的透明度。"窗面"被比喻为"海"，有时会有"岛"漂在上面（有色的斑块，就像托在牛奶冻上的樱桃）。"海"上的狂澜常常拍打着"半岛"[1]。再往根的方向看，在"海"的边岸下部称为"肩"，整个结构称为"身体"，或者更加清晰地称为"头"。"小丘疹""槽""沟"这些描绘仅限于"面部"。"脓疱"就是位于裂缝上的泡状物（即几乎融合的叶子分开的地方），"鸡爪"是对在边缘处（或者是"海岸上"）纹路的象形描述，"膜"是一层短暂存在的薄膜，它毫无意义地保护裂缝和"唇"（裂缝上面和附近的区域）。在生石花的描述中实现了真正的拟人化，虽然模拟的是家禽和海洋。

科尔使用了一系列绝妙的词语来形容各种生石花头部的形状（双楔形或心形等）。这里我不想引用太多，我大大简化了关于头部形状的描述。在任何情况下，人工培育的生石花的形状没有野生的那么明显，因为人工养殖常常会使植株膨胀，使其失去原有的棱角——也许"米其林"[2]曾经也有食不甘味的时候。注意膨胀也会影响到叶间的距离。保持生石花紧凑体型的一个很好的原因是，如果这样养，会使得我们的生石花形状和基于野生生石花的描述一致。

生石花有非常广泛的颜色区间。但是有一点值得注意，那就是野生生石花的颜色和那些人工养殖状态好的生石花非常相似。在人工驯化过程中，颜色特性丢失很少。我们对生石花众多的颜色没有通用的名字。描绘各种颜色的词汇只有在一些沙龙或者油漆店里才有必要，即使在那里这些用来描绘颜色的生词也是任意的、易变的和不准确的。因此我对我用的那些如"棕红色""红棕色"或者类似

1　岛和半岛的区别是：岛是四面接水，半岛是三面接水一面接陆。这里的半岛是指和边缘区接壤的岛状纹理。——译注
2　米其林指其汽车轮胎广告中的一个胖胖的形象，文中是幽默用法，指再胖的生石花也有瘦的时候。——译注

图 48. 栖息地中的碧琉璃玉的开花图。位于斯特泰维尔卡鲁的斯普林博克拉特

大地上的宝石——生石花的秘密

的用来区别微小颜色差异的词表示歉意（因为这些词都不能准确地描绘颜色）。

关于尺寸描述也是困难的，我只能像描述 T 恤衫一样大致分为大型、中型和小型三类。生石花尺寸的大小受限于养殖的环境，我知道有些人可以把云映玉养得比我的大部分日轮玉大。但是即使是最厉害的抑制流玩家[1]，他们养出来的日轮玉也会比花纹玉大，养出来的花纹玉会比彩妍玉大。但是在照片中，这些尺寸的概念是模糊的。在本书的相册中，大部分植物看起来比自然状态下要大 3~5 倍，而那些全景拍摄的则比较接近自然状态下的尺寸。

关于头数的描述也是有点问题的。那些不大容易分头的种，在自然状态下通常只有 2~3 头。但是如果给予理想的养殖条件，可以增加头数。所以分头的理解是建立在相对意义上的。然而有一些种即使有了一定的年龄，还是有强烈不分头的趋势。见荒玉和瑞光玉亚种（*L. pseudotruncatella* subsp. *dendritica*）。

在稀有和畸变的但却受热捧的生石花中，"异常"现象扮演了一个让人非常兴奋的角色。如赤阳玉变种（*L. aucampiae* var. *koelemanii*）可以反常地拥有大型中心窗面，虽然其母本没有出现过这种现象。此外，过度浇水，过度遮阴，过度控水，过度暴晒，都有可能出现正常生石花没有的特点。给予过多的水分，大多数生石花会出现凸型，许多会有异常发散的对叶，它们的颜色也会变成像洗碗水一样的灰暗色。这些植物很难拿来参考。杂交种，无论是有目的的杂交还是温室里不小心引起的杂交，同样很难拿来参考。在杂交种上，没有适用的规则和特征。正如你用刷子刷，皮肤就会变红一样。

有很多文献提到生石花属的分类鉴别标准（见 *The Lexicon of Succulent Plants by Hermann Jacobsen*, 1974）。最近的（2010），也是迄今为止最有用的，是乔纳森·克

1　指的是控制生石花体形的玩家。——译注

拉克[1]的分类鉴别标准（在本书第 244~253 页有转载）。即使他的描述不足以让你分辨你拥有的植物，它也会让你变得更有观察力。生石花属特性模糊是这个属的固有特征。

对于照片的一些说明

生石花并不总是看上去完美。它们会在一年中经历褪色、萎缩、结痂等过程。通常，我们会在生石花生长高峰期拍摄，这正好是生石花新叶长全、旧叶完全吸收的时候。我们拍照遵循了这种惯例，虽然这往往会引起一些误解。从某种角度说，这是一本吸引人的书，这些精美的照片不仅反映了置于一个小容器中的生命循环，还给予了这本书精美的光泽。我想没有人不喜欢"四月小姐"吧。

生石花在一年中大多数时候都是漂亮的，但是当冬天临近的时候它们会褪色。许多照片确实拍于 4 月，但是我们也会展示一些它们老化阶段的照片，植株上到处存在的盐渍或表面瘢痕，提示我们这还是一个活的植株，不是塑料的雕像。此外，更重要的是，一系列的动态拍摄——生石花新头像着急的小鸡一样破皮而出——给我们展示了生石花动态生长的一面。虽然生石花的生长有点像长指甲那么慢，但是它的生长周期中确实有一段时间有着迅速的、戏剧性的变化，就像醉鬼一样迅速改变鼻子的颜色。

背景中的岩石和卵石，是一个一直受关注的问题。科尔的书最光辉的一点就是他把生石花和原生岩石放在一起拍摄，生石花和原生岩石的协调一致（或者对比强烈）是那么吸引人。在本书中，我们缺少这方面的材料，所以我们尝试使用

---

1 乔纳森·克拉克（Jonathan Clark），植物学学士，纯应用植物分类学硕士，控制论博士。——译注

不显眼的中性泥沙来代替原生岩石。克里斯托弗·巴恩希尔和我在温室里花了很多时间来寻找材料，在我用这些材料进行一些仔细的修饰后，他开始进行择优拍摄。通过他的相片和我的文字，我希望我们能展示出生石花真正的魅力——还有迷人的生命周期循环。这里我们尽可能在每个种中选择2~3个植株来展示这个种触及的范围，我们也会展示一些群生的图片（见图76），这丰富了一些多于两头的植株的内容。

名词解释

克隆株：模式株的无性繁殖而来的植株。

分头：生石花繁殖的一种方式（见图49）。

种加词[1]：作为拉丁名的一部分应用于种名或者更低的分类中。

裂缝区域：两片叶子暴露在外的两个内壁，是叶子结合和分离处。有时，内壁是浮肿的，有奇怪颜色的，但是它们不会有花纹。它们也被称为"脓疱"，"脓疱"这个词还常常用在一些起泡的并在基部迅速扩散的组织。如：番杏科虾钳花属（*Cheiridopsis*）的叶子。

L.：即 *Lithops*（生石花属），在本书中只会和 *Lapidaria*（魔玉属）混淆。魔玉属只出现在第61~63、188、230页。

---

1 种加词，又称种小名，指双名法中物种名的第二部分，其中第一部分为属名。例如，智人的学名为 *Homo sapiens*，此为种名，由两部分组成：*Homo* 是属名，*sapiens* 是种加词（种小名）。在语法上，双名法学名（三名法学名也是如此）必须被视作拉丁语词组，所以种名常被称作"拉丁名"，不过更准确的说法是"学名"。——译注

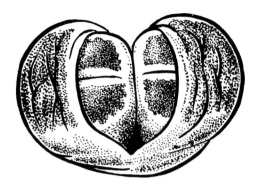

图 49. 分头：由一个对叶分生为两个

对叶：因为生石花的叶子通常靠得很近，我们会趋向于认为它们是一个暹罗—连体[1]株（从某种角度看的确如此）。但是值得注意的是,两片叶子具有一定的独立性。有时一片叶子呈现病态了,而另一片叶子还是完好的。当我使用俯视"对叶是圆的"这一表达时，我是指对叶的整体效果看起来是圆的。

lithops（生石花）：没有使用大写的"L"开头，也没有使用斜体，作为一个不花哨的名字，它代表了任何一种或者所有我们喜欢的生石花。在口语上 lithops 是单复数同体。比如：I grow a single lithops（我种了一棵生石花，注意：不是 a lithop）；或者 all of my red lithops are turning blue（我所有的红色生石花都在转蓝）。

腔隙：当使用"5 个腔隙"这个表达时，是表示果实有 5 个部分（或者腔、室和隔间）。当提到 5~6 个腔隙时，是指 6 个腔隙比较常见，但是 5 个腔隙出现的比例更大。当提到 6~5 个腔隙时，意思正好相反。本书采纳并简化了科尔的书中关于腔隙数量的内容，并加上了我自己的一些见解。腔隙的数量需要谨慎对待，因为这个数

---

1 昌和昂是一对 1811 年出生在泰国（暹罗）的连体双胞胎，他们在腹腔由一块肉和软骨相连。此后，连体双胞胎就被称为"暹罗婴"。——译注

量随着植株的健康度和年龄变化。一些我在 20 世纪 70 年代从艾德·斯托姆斯那里得到的巨大植株，有着多个腔隙数量。然而，科尔的数据基于生长情况相对近似以及种植条件接近"原生态"的生石花，因此他的数据更具有统计学意义，尤其是瑙琳·科尔检查过超过 30,000 个种荚！

主合派：是指那些从整体上来看待生石花的人（见后面双眸玉的描述）。他们认为生石花种间的区别是虚无缥缈的，统计学上造假的，过度细节化的，且很难被感知的。我曾经听到过他们的论点，他们相当严肃地宣称生石花只分为"白花"和"黄花"两种。当我们认识到一个种是一系列植株表现出来的相似行为的总和时，这种说法显然是不对的。当然，鉴别一组生石花要比逐个鉴别每个生石花省事。

微窗：英文 miniature windows，是指明显存在的小窗面，如碧琉璃玉上精制的斑点。这个词是德波尔发明的，然后被科尔以奥威尔的笔调缩减成 miniwindows（我更喜欢法英词典中的单词 oeil de boeuf，意思是像公牛眼睛一样的窗户）。微窗会合并成通常半透明的斑块。科尔将它与"暗点"，即上面提到的巨细胞单宁点区分开来（图 47）。"暗点"可以以微小的圆形点分布于微窗上。因为我对这两者的解剖学特征不清楚，所以在本书中我趋向于说待鉴定的斑点或者斑块。含单宁的巨细胞点会自己分解，然后缩小成褐色或红色的、在老皮上可见的小块。

附近：一种谨慎的委婉说法。涵盖了 5~35 公里。

卵形：用来描述俯视时，生石花对叶的形状。当然，有各种各样的卵形，通常它们有肾脏般的弯曲度，并且存在着其他各种不协调的体形。

花瓣：确切地说应该是退化的雄蕊（花瓣状的），另外还有一些艳丽的改性雄蕊，我都简单地称之为花瓣，毕竟，它们确实有花瓣的功能。

丘疹和疣：和生石花一样，人类表皮上也有很多奇怪的突起，我们有一整套的词来命名它们，如：瘤、肉垂、疣、丘疹、脓疱和疖子等。在生石花体系中，大部分这些用于人类身上突起鉴别的词也被采用。但是我基本上使用"疣"来形容所有从生石花表皮上产生的独立的突起结构。这些疣可以像微纹玉中那样大型的、暗色的突起，也可以像朝贡玉中那样小型的、珠状的、红色的突起。"褶皱"是指表皮上的沟，这通常是表皮收缩的结果。当然，这个过程伴随着"脊"的形成，就像有山必有谷一样。生石花的表皮常常有各种暂时性的外皮损伤，过度施肥可能会导致这种损伤的爆发。

红纹：这个词是科尔从中世纪的一个词中演变而来。它是指嵌入在生石花窗面内的微小的、红色的线纹或者短线纹，就像在琥珀中的苍蝇一样（见李夫人玉）。它们有各种解剖学意义。那些在神笛玉和丽虹玉上浓密的红线也可以称为红纹，虽然这些红纹和上述概念中的红纹的起源不同，可能连功能也不同，但是科尔仍采用了红纹这个词。这些红线好像是漂浮在表面上（并不是嵌入至窗面内），并构成了一幅壮丽的景象（即使在一些种中，这些壮丽的景象范围是微小的）。

S：这是口语中的复数惯用语。如，我养殖了很多 bellas（琥珀玉亚种），比我养殖了很多 *Lithops karasmontana* subsp. *bella*（琥珀玉亚种）要简单得多。

S.L.：拉丁文 *sensu lato* 的缩写，意为"广义的"。

主分派：对生石花属的微观分类者。注意生石花本身就是变化多端。如果戈德布拉特（Goldblatt）和曼宁（Manning）提出的关于唐菖蒲属（*Gladiolus*，1998）的最新分类地位能被纳的话，那么大家都清楚，根据栖息地来分类的方法将重回历史的潮流。这理所当然地为收集者提供了精准的位置信息。根据对栖息地的喜好、土壤类型、传粉者或者花期的不同可以为鉴别分类提供明确的依据。我们已经意识到（强调是我本人），当一个变化体至少在两个定性特征上不同，并且在地理学、生态学或者物候学[1]上和原型不同，那么我们可以判断这个变化种为一个新的种。

SPP.：种（复数）的缩写。这个看起来像复数的词，实际上是单数和复数的复合体。

异名：已经弃用的名字。这个名字在生石花命名体系中要不已经结束使用，要不仅仅是指另外一个分类的名字。见附录 4.2（第 222~226 页），一份完全的异名清单。

TL：模式产地的缩写。模式标本（如被干燥和压缩并永久保存在指定标本库中的标本）的采集地。

窗：这个词起初只是指生石花顶部的半透明的部分。现在已经扩展了这个词的应用范围，它指的是生石花顶部，而不管它是否存在半透明的窗。关于艺术性、精准性和连贯性的矛盾我从来没有希望过能解决。

""：这个经过发表的有效后缀就像是漂浮着各种异名的海洋中的漂流瓶信息，它用斜体写在双引号中，如：*L. karasmontana* "*opalina*"。一些没有发表的名字则不用斜体写在双引号中，如：*L. hallii* "Brown form"。沿用科尔的用法，其中第一个字母需要大写。

' '：根据现行的 ICNCP 的惯例，单引号只用于标明园艺种（cv.）。

---

1 物候学是研究自然界植物和动物的季节性现象同环境的周期性变化之间的相互关系的科学。——译注

冠　名

在拉丁学名中，可以看到很多人名作为一种荣誉存在于种加词中。这些名字通常用于纪念第一个描述这个种的人，不需要是第一个发现这个种的人！下面我对这些出现在种加词中的人名给一个非常简短的介绍。这些人中有我的朋友和同事（*L. julii*），有善于交际的发现者（*L. geyeri*），有业余的但是乐于观察的观察者（*L. dorotheae*），男女比例大概是 2:1。然而相比于上述的科学家，在收集者中，男女比例大致平衡。

一个正式的命名包括拉丁语或拉丁化的名词作为属名，以及种加词和第一个描述这个种的人名，如 *Lithops dorotheae* Nel[1]。这将这个种与所有其他种区分开来。当然没有人愚蠢到再直接发表 *Lithops dorotheae* M.Grande 这样一个名字，并在不进行拉丁文描述的情况下，将之称为异名[2]。值得注意的是路易莎•波卢斯（Louisa Bolus）[3]、库尔特•丁特尔（Dinter）和 N. E. 布朗（Brown，他的名字经常缩写成 N. E. Br，他以多产而闻名）包揽了大部分的命名。在一些情况下，两个或者更多个名字会挤插在种加词后，如 *L. julii* (Dinter& Schwantes)N. E.Br。这个命名的意思是，库尔特和施万特斯首先在另外一个属中描述了这个种——在这个例子中是日中花属（*Mesembryanthemum*，当然人们不能从这个命名公式中得到这个种原先属于哪

1　*Lithops*：属名；*dorotheae*：种名/种加词；Nel: 第一个描述这个种的人名缩写。——译注

2　M.Grande 是作者虚构的一个名字，因为 *Lithops dorotheae* Nel 已经发表了（Nel 为第一个描述这个种的人），不可能对同一个种再发表一个新的名字，除非所谓的 M.Grande 先于 Nel 描述这个种。——译注

3　路易莎•波卢斯：原名 Louisa Kensit，1877 年生于伯格斯多普，1913 年 6 月，成为南非植物学会的创始人。她还是野生生物保护协会创始人，同时是南非皇家学会、伦敦林奈学会、南非科学促进协会会员。她的第一本著作 *Elementary Lessons in Systematic Botany* 在 1919 年发表。她生命大部分时间都在深度研究番杏科植物，1927 年发表了"Notes on Mesembryanthemum and Allied Genera"。为了纪念她的贡献，番杏科 *Kensita* 属以她的名字命名。她于 1970 年以 93 岁的高龄在开普敦的家中谢世。——译注

个属），然后由 N. E. 布朗将这个种移到他建立的属中（即生石花属）。如果库尔特和施万特斯随后将这个种移到肉锥属（*Conophytum*），我们就会有这样的命名了 "*C. julii* (Dinter& Schwantes) Dinter& Schwantes"。幸运的是，他们没有这样做，所以我们没有这么长的名字。事实上我们的确有 *C. julii* Schwantes 这个种，但这又是另外一回事了。

注意：一般在每一个描述性的陈述前都会加入"通常"这个词。生石花属是一个奇葩的例外。去评估每一个陈述是乏味和愚蠢的，因为这不是一项数据化的研究。但是当我使用"从不"这个词的时候，这表示我养殖的每个分类的500~10,000 个植株中都没有出现我想要表达的特征。某些特性似乎是绝对确信的：如已知的生石花中没有绒毛的表皮、齿、块根、宽大的基部，或者是长的节间（生长在洞穴中的例外 [1]）。某些特征则被认为是理所当然的，如对叶是不对称的，花有香味而且是单花的，虽然在罕见的例子中，单独一个叶子对中孕育 2~3 个花朵。

分层命名法，如亚种—变种系统的使用，自然会使植物名称变得恐怖地冗长。如 *L. aucampiae* subsp. *aucampiae* var. *aucampiae*（日轮玉变种）等。为了避免重复这三合一的命名法，有时我会使用简单的一个词，即"分类"来替代，这个所谓的"分类"是指某个种以及种以下的下级分类的集合。为了避免另外一种冗长，我只在"种"介绍的最开始提到花色。如 *L. aucampiae* subsp. *aucampiae* var. *aucampiae*（日轮玉变种）开黄花，那么它的亚种［如 subsp. *euniceae*（光阳玉亚种）等］都开和原型一样的黄花。罕见的例外会在园艺种介绍中有标识。同样，我只在"种"介绍的最开始提到果实的腔隙数量，如果有和原型有很大区别的时候，我会特别标识。

1　洞穴一般较深，为了获得阳光，生石花的身体会伸长至洞穴外。——译注

种 的 介 绍

在这里介绍的种的数量对一些读者而言是足够的，而对另外一些读者则是不足的。一个专注的主合派者会对大部分次级分类避而不谈，但是如果人们能采纳这些次级分类来代表一种趋势，虽然不是绝对的，也将给读者提供一个有效的，即便只有部分象征意义的整体框架。我尝试提供更有说服力的分类关系并对最容易引起混淆的种进行比较，但是如果去完全阐述这些分类间的联系，那么这个章节将会变得非常冗长。

注意　　圆括号中给出的时间是这个种的最初发表时间，而不是转化成当前分类的时间（假设存在分类转化的情况）。大部分重新编排的分类发表在科尔 1973 年或者 1988 年的论文或著作中。

日轮玉系

日轮玉变种 | 赤阳玉变种 | 光阳玉变种 | 阳月玉变种

日轮玉变种　*L. aucampiae* L. Bolus subsp. *aucampiae* var. *aucampiae*，1932

名字来源于胡安尼塔·奥卡姆（Juanita Aucamp）女士，她在她父亲的位于波斯特马斯堡（Postmasburg）附近的农场采集到这些植株。

第 88 页，图 50~51

植株体型大，经常形成 6 头或以上的簇丛。对叶俯视呈圆形，侧视略有凸面或者呈现平面，面部光洁（没有沟或者深槽），体色棕色至灰棕色，或者砖红色，有轻微的蜡质光泽。窗面大而明显，常常像黑巧克力一样黑［"库鲁曼型"（Kuruman form），图 51］，有时有斑点或条纹，罕见缺失。边缘构造多样，有手指样或者流苏状，轻微延伸至侧面。花朵在生石花属中是最大的，金色带有红色衬底，花期在早秋；果实有 6~5 个腔隙，非常大。

名字来源于亚瑟·科尔曼（At Koeleman[1]，发音类似于"curl a man"），著名的比勒陀利亚多肉收集者和芦荟优选品种的培育者。　｜ 第 88 页，图 52

　　这个变种的主要区别是，它只形成较小范围的簇丛——通常 2 个头已经是极限了。对叶呈持久的红色，不透明，有着类似老砖的灰暗的凹槽纹理。少数植株有窗面，但是大多数是没有的，因此，整个顶面是纹理均匀、无光泽和不透明的。

1　At Koeleman，全名 Arthur Koeleman。——译注

名字来源于赫基·霍姆的一个朋友尤妮斯·伯米斯特（Eunice Burmeister），在 20 世纪 60 年代，他除了收集这个种外，还收集了其他许多生石花。［见宝留玉变种（*L. lesliei* subsp *leslici* var. *hornii*）。］　｜ 第 88 页，图 53

　　这个变种主要的特征是精细的纹理和高度截形的叶面。它的精细的纹理在边缘处排成一行，形成了红橘色的半透明"刘海"，有时这些纹理甚至延伸至侧面，就像是浇在蛋糕上用于增加蛋糕色泽的蛋浆。它的体型比日轮玉亚种要小，它的普遍颜色是暗淡的红棕色，从来不会出现灰色。中心窗面常常有交叉线画成的阴影或者说有着如蚀刻出来的质感。

这个变种栖息在河边，因此得名。　｜ 第 88 页，图 54

　　科尔起初将它分类成光阳玉亚种（*L. aucampiae* var. [sic] *euniceae*）的"灰色型"。它的特征是整体呈灰褐色，有着更细致的手指纹，更多更暗色的纹理，这使得它看上去好像迷人的波纹一样。在接近冬天的时候，它的体色会变成微弱的绿色。

2　fluminalis 在拉丁语中有河流的意思。——译注

分布

日轮玉系广泛分布于西至象角镇（Olifantshoek），北至赛文（Severn），东至弗雷堡（Vryburg），东南至霍普敦（Hopetown）之间的区域。日轮玉变种的栖息地占据了这片区域的大部分，它对生长土壤不挑剔，可以生存于各种类型的岩石上，如燧石、铁矿石、红色石英岩和暗色沙石上。赤阳玉变种出现在日轮玉变种的分布范围内，它植根于红色石英沙上。霍普敦地区孕育了两个离群，即光阳玉变种和阳月玉变种。前者植根于有着杏仁状（类似于摸奖桶）火山岩的棕色沙石上，后者植根于含有石英沙的火山岩上。在霍普敦的日轮玉栖息地毗邻处生存着富贵玉，它们的栖息地与日轮玉系界限明显，只在格里夸敦西南部有一小部分重叠。

注意

日轮玉系是最强健的生石花之一，这一点毫无疑问。日轮玉可以耐受大量的水分。分布区域的不同，会带来一些微小的区别。Cole 46 有可爱的柔和的红色，而 Cole 61 则常常带有奇怪的灰棕色。当"库鲁曼型"（"Kuruman form"，Cole 11，12 & 173）有着深巧克力色的窗面时，它们变得特别有吸引力，虽然不是所有的植株都会有这种颜色。两个属于赤阳玉的科尔种群，即 Cole 16 和 TL.，有着明显的区别。在格里夸敦附近的一些日轮玉变种的种群和赤阳玉变种非常相似。

有时日轮玉和紫勋玉会混淆。但是紫勋玉有着更高比例的均匀分布的点纹和更大的种子，以及更东的分布——这在种植盆中是看不出来的。宝留玉变种（*L. lesliei* var. *hornii*）看起来和日轮玉系特别相似，当时德波尔甚至考虑将它归为日轮玉系的变种。阳月玉变种和毗邻的宝奇玉亚种（*L. lesliei* subsp. *burchllii*）非常相似，但是宝奇玉亚种有着炭灰或者蓝色的色调，更加粗糙的、不规则相间的或者飞溅的线纹。阳月玉变种和丸贵玉变种（*L. hookeri* var. *marginata*）的一些类型也很相似，但是后者的纹理更加丰富，颜色更加偏红。

园艺种

日轮玉变种有三个园艺种:

'斯托姆斯雪顶'('Storms's Snowcap'),看起来像"库鲁曼型",但是开白花。

'贝蒂绿石'('Betty's Beryl'),有着艳丽的绿色体色,开白花。

'杰克逊翡翠'('Jackson's Jade')(图 55),相当于开黄花的'贝蒂绿石'。

后两个绿色的园艺种都源于特里布纳的原始植株。'斯托姆斯雪顶'的基因在斯托姆斯去世前不久播种的大量植株中得到稳定。斯托姆斯最初只有一个白花变异的植株,他用普通的黄花日轮玉的花粉给这个变异株进行了授粉。子代成株后 10% 的个体开了白花,大概 2% 的个体有着引人注目的浅柠檬色的花朵,并且这些花朵异常地大。我用白花的后代进行回交,之后得到的后代都是纯白花色的。一些绿色园艺种的植株对叶在仲夏有奇怪的褪色的趋势,但是到了秋天它们又变成和正常的'杰克逊翡翠'一样的绿色了。乔西·勃兰特发现了一种有着饱满红色的日轮玉变种,我们正在一起着手发表事宜。有着艺术气息名字的阳月玉变种的'绿流水'('Green River')品种正在继续研究中,其中绿体的条件已经满足。'绿流水'的原始突变体,一个野生植株,有着柔和的灰绿色体色,在很多阳月玉变种的植株中都可以找到这种颜色的蛛丝马迹。我还在研究一个光阳玉变种的红色植株,这是斯托姆斯的另一个遗产;它的射线般的纹理就像成熟的橘黄色的南瓜灯笼。

图 50. 日轮玉变种，Cole 257

图 51. 日轮玉变种"库鲁曼型"，Cole 12

图 52. 赤阳玉变种，Cole 16（TL）

图 53. 光阳玉变种，Cole 48

图 54. 阳月玉变种，Cole 54

图 55.'杰克逊翡翠'日轮玉

柘榴玉系

柘榴玉变种　*L. bromfieldii* L. Bolus var. *bromfieldii*，1934

名字来源于 H. 布罗姆菲尔德（H. Bromfield），关于他，我除了知道他　| 第 91 页，图 56
在 1933 年收集了这个种的植株外，其他的一无所知。

　　植株中型，常常形成 10 头或以上的簇丛。顶部俯视呈（狭窄的）卵形，侧视有轻微的凸面、平面或凹面，通常有宽槽或者隆起，红棕色到带有浅绿色色调的象牙橘黄色；特别是在饱满的时候，有强烈的蜡质感和塑料光泽。窗面较为明显，但是被红色或棕色的线纹和点纹细分成许多窗格，窗面边缘有一圈明显的空白。花相对较小，花期秋天，开黄花，种荚有 5 个腔隙。

辉耀玉变种　*L. bromfieldii* var. *glaudinae* (de Boer) Cole，1960

名字来源于葛兰迪娜·文特（Glaudina Venter），她父亲的农场是第一　| 第 91~92 页，图 57~58
次发现这个种的地方。

　　这个变种有宽而平坦且黑红色的顶部，它的众多点纹有着石墨笔芯的光泽。一些近来发现的种群（特别是常常呈现浅色的、粗糙不平的 Cole 382，图 58），不能很好地符合上述的描述。它们拓展了这个变种的范围和概念。收藏于卡鲁公园的从库加斯（Kougas）区域收集的那些古老的植株也符合了这些扩展的描述。有一些种群尴尬地类似柘榴玉变种，有着特别明亮的颜色。

鸣弦玉变种　*L. bromfieldii* var. *insularis*[1] (L. Bolus) Fearn，1937

它出现在奥兰治河的岛屿上或者岛屿附近。名字也因此而来。　| 第 92 页，图 59

　　这个变种和柘榴玉变种不同的是：体型较小（轻微的），颜色更暗，更加光滑，缺少隆起，当然这要除去控水太干的情况。基本色趋向于浑浊的深绿色、

1　*insularis* 有岛屿的意思。——译注

深棕色或者黑色，缺少柘榴玉变种明亮的橘黄色。线纹和有光泽的点纹同样偏暗。植株容易群生。

| 雀卵玉变种　*L. bromfieldii* var. *mennellii*（L. Bolus）Fearn，1937 |

名字来源于布瑞恩·T. 梅内尔（Brian T. Mennell），他是这个种已知的第一个粉丝。　第 92 页，图 60

这个变种通常体色浅而不透明，这将它那凹陷的（锯齿状的）巧克力般棕色的线纹衬托得非常明显。通常它是矮小的，特别是在栖息地，在那里它毫无遮掩地可怜地生长着，但是在人工栽培条件下，它可以长到相当大的尺寸。

分布

这个种的分布以阿平顿（Upington）为中心，向东延伸到波斯特马斯堡西南的一角（辉耀玉变种），向西延伸至凯穆斯（Keimoes）附近（雀卵玉变种，再向西一点是鸣弦玉变种）。雀卵玉变种通常栖身于保护良好的低脊岩石缝中。柘榴玉变种则栖身于连绵的山地中，紧贴着锈红色的石英岩，就像很多肉锥属植株的生存方式一样。

注意

柘榴玉是一个非常吸引人并且强健的种。鸣弦玉变种可以忍受大量的水分，并且很容易群生；这种情况对源自 Cole 42 的"小型"（"Minor form"）尤其适用。接下来我要提一下那些看上去相似的种：雀卵玉变种和花纹玉系（尤其是 Cole 225 和 Cole 226）非常相似，但是后者有楔形纹理[1]，有一丝半透明的粉色色调，并且开白花。辉耀玉变种和丸贵玉变种（*L. hookeri* var. *marginata*）在某些方面很相似，但是后者有更精细的线纹并缺少光泽。Cole 382 中的一些植株看起来非常模棱两可，好像介于日轮玉和富贵玉之间。事实上，在 1988 年《生石花地区数据》（*Lithops*

1　这里的楔形纹理，既指纹理形状类似楔形，又指纹理深入表层以下。——译注

Locality Data)这本手册中，科尔仍然把这些种群的辨认列为悬而未决的问题。另外，不幸的是，一些人为的杂交使柘榴玉变种和鸣弦玉变种的界限更加模糊。

园艺种

　　一种白花棕体的柘榴玉正在稳定基因中。另外还有著名的绿体园艺种'硫磺石'（var. *insularis* 'Sulphurea'，第 11 页，图 4；第 92 页，图 61）。它开黄花，并有着无法控制的疯狂群生的趋势。当它与雀卵玉变种杂交后，后代会失去所有绿色的特征，变得像轻微灰暗版的雀卵玉。我有一个异常红色的辉耀玉变种的植株，它是从 Cole 393 中选拔出来的，被寄予厚望。在柘榴玉变种中，可以选拔出有更加清晰的红色的植株；在雀卵玉变种中，可以选拔出更加类似于希伯来语书写方式的纹理[1]（这个比喻是由命名者梅内尔自己提出的）。

1　即犹太书法，如希伯来语字母：אָלֶפְבֵּית עִבְרִי。——译注

图 56. 柘榴玉变种，Cole 41

图 57. 辉耀玉变种，Cole 116

图 58. 辉耀玉变种，Cole 382

图 59. 鸣弦玉变种，Cole 42

图 60. 雀卵玉变种，A. 鲁克斯选育

图 61.'硫磺石'柘榴玉

彩妍玉系

彩妍玉　*L. coleorum* S.A. Hammer & R. Uijs，1994

这个名字是为了纪念德斯蒙德·科尔和瑙琳·科尔。他们为了这个属做了巨大的贡献，同时他们的成果启迪了非常多的人。

第 100 页，图 62~63

　　植株小型，通常有 2~3（到 6）个头。对叶俯视呈卵形，侧视有强凸起，表面光滑，从来不会出现瘤状凸起，有轻微的光泽，体色呈浅棕色、粉灰色或者橘—

米黄色，窗面有时明显，更多的是由多个隐约的排列成行或者成环的微窗组合而成。边缘模糊。花朵较小，花瓣稀疏，颜色暗黄并带有狭窄的、不显眼的白色纵条纹，花期在早秋。种荚有 5~6 个腔隙。在野生植株中，果实常常藏身于它们的叶缝中，人工养殖的植株花梗比较长，果实暴露在外面。

分布

它分布在北部省（前德兰士瓦省的一部分）莱帕拉莱（Ellisras）附近独立存在的一片小型砾岩结构上。据我们现在所知，它是单种群的，但是这块区域还没有被完全探索。我们探索了彩妍玉栖息地附近地貌构造相似的地方，但是只找到了一种与彩妍玉共生的回欢龙属（Avonia）植株，即韧锦（A. rhodesica）。这片区域雨量较大，年降水量可达 900 毫米。

注意

虽然这个令人惊喜的、可爱的小物种出现在紫勋玉栖息地的北东缘附近，但是它们和紫勋玉没有明显的关系。它们更可能和曲玉或者碧琉璃玉有关联。虽然彩妍玉和曲玉在地理上相距甚远，但是在果实结构上很相似。而与碧琉璃玉的栖息地虽然也隔了数公里远，但是在形态学上很相近。幸运的是，这个种很容易养殖。盆栽过程中很容易分头。如果用软土种植，它很容易膨大成球形，为了让种植者能够看到它真正的样子，我建议加入少量硬土来栽培。这里我要提一下，科尔是采用栖息地的土壤来养殖他的生石花，如果说那里的土壤不是硬土，那就没有硬土了。

太古玉变种　*L. comptonii* L. Bolus var. *Comptonii*，1930

名字来源于哈罗德·康普顿（Harold Compton）教授，另外还有很多｜第 100 页，图 64
有趣的番杏科植物以他的名字命名，如肉锥属的魔纹玉（*Conophytum
comptonii*）。魔纹玉的栖息地有很多雨水，而太古玉则相反。

　　植株小型，通常也就 1~2 个头。对叶俯视呈卵形，侧视有凸起，表面光滑，紫红色到灰棕色，窗面明显，常常有隐约的白色蛛网状纹路，罕见有非常小的微窗。花较小，金色，中心白色，花期中秋；种荚有 5~6 个腔隙。

韦伯玉变种　*L. comptonii* var. *weberi* (Nel) Cole，1940

名字来源于卡尔维尼亚（Calvinia）的韦伯（Weber）先生，他应该有姓，｜第 100 页，图 65
但是尼尔没有记录；显然是他给尼尔提供了这个变种的信息和 / 或者
原始植株。

　　它和太古玉变种的主要区别是，韦伯玉变种的体形常常更加平坦，有着更粗的纹理，体色是粉蓝灰色或淡紫色，通常有粉色、轻微臃肿的裂缝区域。边缘有时像弯曲的馅饼皮向上卷起，纹理有突起的趋势。

分布

　　这两个变种都只栖息于西瑞斯（塔卡瓦）卡鲁 [Ceres (Tanqua) Karoo]，这是一个炎热的、干燥的地带，延伸至西瑞斯的北部和东北部。韦伯玉变种分布在范伦斯多普（Vanrhynsdorp）的东南部，植根于钙质礁体的浅凹槽中，和当地特有的一种灌丛 *Hammeria salteri*[1] 生长在一起。太古玉变种分布在更南的地方，植根于暗色和浅色的岩石中的更深的土壤中（铁矿石、石英石、钙质结砾岩和燧石）。它的分布穿过卡洛普罗特（Karoopoort）直到一个大量存在这个变种的地点。它们与一

1　一种番杏科红筋花属的植物。——译注

种独特的植物 *Didymaotus lapidiformis*[1] 共生。我知道这个变种分布带的西南边缘处有一个种群，它在钙质结砾岩上生长的比例要高于正常的种群，并且这些植株的体色是相当灰的。

1　一种番杏科灵石花属植物。——译注

注意

这两个变种都比较难养好，趋向于过早地死亡。如果给水（肥）过度，它会变得臃肿，失去原有的颜色，最后导致分生组织死亡。太古玉变种在 4 个月大，营养由老叶转移至新叶时特别脆弱。新叶长成，年龄变大后，它们可以忍受高温。韦伯玉变种可能会和大津绘玉混淆，大津绘玉可以看成加胖加长版本的韦伯玉，它们植根于更深的土壤中。太古玉变种和美梨玉相似，但是美梨玉更绿、更平坦，有着更加长的体型，这种体型和它栖息地的深穴相适应。我很奇怪为什么这些原始种都那么难种植，至少很难种植得很漂亮。

神笛玉系　　　神笛玉变种 | 惜春玉变种 | 福德玉亚种 | 多点神笛玉亚种

神笛玉变种　*L. dinteri* Schwantes subsp. *dinteri* var. *dinteri*，1927

名字来源于莫里塔·库尔特·丁特尔（Morita Kurt Dinter），他使我们对纳米比亚南部植被有了更多的认识。他对那些"球形的"植物尤其感兴趣（生石花属和肉锥属）。

第 100 页，图 66

植株小型，中度群生。对叶俯视呈卵形到椭圆状矩形。侧视平坦到轻微的凸起，面部光滑，体色浅粉棕色到灰绿色，有窗，有少量到众多的红色点纹和条纹，并存在着大量的微小的浅色点纹，这些点纹常常呈云雾状聚集在一起。开黄花，花小，花期为仲秋，种荚有 5~6 个腔隙。

名字来源于它短小的[1]不聚合的叶尖，这里的短小是和橄榄玉相比较的。路易莎·波卢斯（L. Bolus）将这两个种联系起来进行描述。（她习惯使用揭示两个同时发表的分类之间的潜在关系的种加词。）

第 16~17 页，图 9~10；第 100 页，图 67

　　这个变种看起来质地比较柔软，棱角不分明，通常比神笛玉变种有着更加灰暗或者更加芥末色的底色。红点更加稀疏，或者看上去有退化的感觉，有时甚至完全缺失。它有更加容易群生的趋势，当长到一定年龄或者遮阴的条件下，它们容易徒长。

1　名字中 brevis，有短小的意思。——译注

名字来源于弗雷德里克·赫尔斯曼（Frederik Herselman），或许是他发现了这个紧凑的小型种。

第 101 页，图 68~69

　　它们的体型比神笛玉变种要小得多，凸面更加明显，呈现为更加狭窄的卵形，纹路更加精细。在一些情况下它们有非常微弱的红色色调的浅象牙色体色。花朵更小，花瓣相当稀疏，种荚同样很小，但是有正常的腔隙数量。

名字来源于它那数量众多的闪耀的点纹。

第 101 页，图 70

　　体形比神笛玉变种略宽大或者宽大很多。颜色更加丰富，常常有漂亮的粗红条纹，看上去好像漂浮在表面上。有时它的体形比其他的变种更加平坦，这也是它和丽虹玉的细微区别。

分　布

　　神笛玉变种仅分布于纳米比亚南部的一小片区域，到瓦姆巴德（Warmbad）的西部和南部，它植根于那里的伟晶岩和石英岩上。其他变种的分布则跨越奥兰治河。福德玉亚种已知的分布点仅在佩拉（Pella）附近，植根于小沙砾中（小体型 ═

小沙砾？）；多点神笛玉亚种分布稍微向北一点，并将神笛玉系的分布版图拓展到了最东边。惜春玉变种的栖息地延伸远至克洛夫斯峡谷（Kloofs canyons）到维奥尔斯德里夫（Vioolsdrif）的东南部。它同样植根在环境极其恶劣的小型石英—长石脊上，并延伸至更西部的某些点，这将神笛玉系的分布版图拓展到了最西边。

注意

对于这四个分类，福德玉亚种有着很小的体型和较强的凸面，这个分类不会混淆。剩下的三个分类在形状上比较相似，但是却代表了这个品系的外观上的极端情况。惜春玉变种的纹路是最朴素的；多点神笛玉亚种是最华丽的（尤其是Cole 181）；神笛玉变种的情况在两者之间。多点神笛玉亚种和丽虹玉很容易混淆。小苗阶段（6~12个月）几乎无法分别。丽虹玉可以简单地认为是神笛玉血缘关系更远的亚种，它分布在神笛玉栖息地西北部大概 50 公里远。整个神笛玉系的单宁类型都一样。所有的神笛玉变体都比较容易腐烂，所以最好在泥盆里种植。泥盆对福德玉亚种的养殖有特别的好处，这个变种可能是生石花属中最娇小的了。相反，多点神笛玉亚种是生石花属中体形较大的种之一，它的外表精致，尤其是那些选拔过的有着拜占庭式的纹路错综复杂的植株。

园艺种

'绿神笛'（'Dintergreen'）（第 101 页，图 71）有细腻的柔和的绿色。这种绿色不能浓到可以掩盖面部模糊的红点纹。（换句话说，就是甜菜红色素化合物没有被完全抑制。）它不喜欢高强度的光照，在部分遮阴的条件下生长更好。如果光照强度过大，会使根灼伤，并且使体色褪去。它的花是正常的黄花。

宝翠玉变种　*L. divergens* L. Bolus var. *divergens*，1934

名字来源于它那分开的叶片。[1]

第 12 页，图 8；第 20 页，图 14；第 101 页，图 72

植株小型，中度群生。对叶很小，俯视呈卵形，侧视呈截形，或者松散的 V 字形，矮小，持久存在的精细的皱褶使得面部变得粗糙，常常有"鹅卵石"般的质地，体色为浅白绿色到浅灰棕色到古铜色，从来不会显出紫色，窗面常常模糊，布满许多蛛网般的白线。开黄花，花朵小，矮壮，中心白色，花期在早秋；种荚有 5 个腔隙。

1　divergens 有分开的意思。——译注

紫宝翠玉变种　*L. divergens* var. *amethystina* de Boer，1961

名字来源于紫水晶色的体色。[2]

第 101 页，图 73；第 199 页，图 225

植株小型或者大型，常常形成 5~10 头的簇丛。对叶俯视呈圆形，侧视呈凸起和陡峭的 V 字形，体形较长，面部光滑（虽然它常常显示出横向的缝隙似的皱纹），体色呈浅紫绿色到紫水晶色到深蓝绿色，窗面非常明显，有很多白色的斑点，一个种群（Cole 356）则完全没有斑点。开黄花，花大，中心白色，花期在早秋或仲秋；种荚有 5~6 个腔隙。

2　amethystina 有紫水晶色的意思。——译注

分布

　　宝翠玉变种分布在克内斯拉克特（Knersvlakte）的石英岩上，这些石英岩的

底下一层是已经分解的黄色页岩。紫宝翠玉变种分布在朝着东北方向更远的区域，即在克里普兰（Kliprand）和洛来斯方丹之间，它们和 *Vanheerdea divergens*[1] 一起植根于炎热、裸露的页岩和钙质结砾岩上。一个在克里普兰南部的种群植根在石英山脊上。在我参观过的洛杉矶举办的南非紫水晶展后，我才意识到，这个种群的可爱的植株确实有着宝石般的色泽。

---

1 一种番杏科胧玉属的植物，源于南非。——译注

注意

尼尔认为那些克内斯拉克特的种群和努维顿（Nuwetontein，现在的克里普兰）的种群都各自代表了自己独立的分类。德波尔则认为这两个种群是宝翠玉这个种的两个不同的表现方式。宝翠玉变种是浅色、孱弱和小型的，不会和其他生石花混淆。紫宝翠玉变种则是大型的，有更深的裂缝，颜色更加丰富。紫宝翠玉变种的一个东方种群，即窗面异常干净的 Cole 356，很容易和太古玉变种混淆，但是它有着更加长的身体、更加浓郁的紫蓝色的表皮和更加尖锐的棱角。彼得·布鲁因（Peter Bruyns）发现宝翠玉变种的栽培有些困难，在强光下经常会被灼伤。紫宝翠玉变种则比较强健和容易管理，但是比较容易起皱纹，即使是在饱满状态下，也会出现褶皱。

园艺种

我正在尝试选拔有更加明显的紫水晶色的紫宝翠玉变种和更纤细体形的宝翠玉变种，但是短时间内无法看到结果。因为很不幸，它们还没有开花的趋势。

图 62. 彩妍玉，SH1500

图 63. 彩妍玉，SH1500

图 64. 太古玉变种，Cole 125

图 65. 韦伯玉变种，Cole 126

图 66. 神笛玉变种，Cole 206

图 67. 惜春玉变种，Cole 84

图 68. 福德玉亚种，Cole 180

图 69. 福德玉亚种，Cole 180

图 70. 多点神笛玉亚种，Cole 326

图 71.‘绿神笛’神笛玉，Cole 206A

图 72. 宝翠玉变种，出自比特方丹

图 73. 紫宝翠玉变种，出自洛来斯方丹西北

丽虹玉系

丽虹玉　*L. dorotheae* Nel，1939

名字来源于多萝西·惠斯坦（Dorothea Huyssteen）博士，她的父亲从阿尔泰塔·埃克斯坦（Altetta Eksteen）那里得到这些植物,阿尔泰塔·埃克斯坦才是这个种的真正收集者。

第 104 页，图 74~75

　　此种容易形成中等或者大量的群生。对叶俯视呈卵形，侧视有凸面，面部光滑，常常带有光泽，体色呈浅黄色或者白棕色，有很好的窗面，有众多的彩釉般的血红条纹或斑点，常常有大面积的浅色区域从边缘区开始发散至窗面。开黄花，花期在仲秋。种荚有 5 个腔隙。

分布

　　栖息地明显地局限于波法德尔附近，这片区域充斥着石英石和长石。过去尼尔关于丽虹玉分布在"佩拉"（Pella）地区的记录可能是指福德玉亚种，这是有意或者无意的错误。

注意

　　这也许是生石花属中最显眼、最美丽的种了。幸运的是，它相当容易养殖。唯一实际存在的困难在于有多少播种苗可以成长到出色的成熟个体。众所周知，这是一个罕见的种，我从来没有在自然条件下见过，但是作为商品的数量却非常多。现在已经不可能知道它在商业化前的状态了。这个种有两个科尔编号，Cole 124（TL）和 Cole 300。Cole 124,颜色更加丰富,至少在 20 世纪 70 年代,瑙琳·科尔送出的几个种荚播出来的苗是这样。丽虹玉和多点神笛玉亚种很相似，但是后者凸面不明显，并且缺少光泽。

园艺种

艾德·斯托姆斯从原种中选拔出了一些没有名字的植株，而我正在努力稳定这些植株的基因。我给它们命名为'佐罗'（'Zorro'；第 105 页，图 76；第 208 页，图 240），名字来源于它在叶顶 Z 字形的闪电纹。同样，我还在培育一些无窗的或者全窗的园艺种，但是这些要么不成功，要么就是不明显。

古典玉系

古典玉 *L. francisci* (Dinter & Schwantes) N. E.Br，1925

名字来源于弗朗茨·德莱特（Frantz de Laet），一个比利时园艺家。当他的名字拉丁化时使用了种名中出现的 francisci 这种格式[1]，虽然加词也可以写成 frantzii。名字结尾处只用了一个 i，是因为 franciscus 这个词已经拉丁化了，而 francisci 的词源是 franciscus。

第 21 页，图 16；第 105 页，图 78~79

此种容易形成中等或者大量的群生。对叶质地柔软，俯视呈卵形，侧视有凸面，面部光滑或粗糙，体色呈浅白绿色或象牙色，中心不形成窗面，但是常常贯穿着数量众多、有时排列成行的透明小点，也有纹理缺失的情况。开黄花，花小，花期——如果开花的话——在仲秋或者晚秋，种荚有 5 个腔隙。

1 Frantz 拉丁名字应该是 franciscus。拉丁语男性人名后缀是 -us。francisc 是 franciscus 的缩写。作为种加词，原音结尾要加 -i，所以是 francisci。——译注
2 当种加词按照人名命名时，此人名字以一个元音字母或者 -er 结尾时，要加上 -i，例，如果命名者为 Robert Fortune 时，它就变成了 fortunei。如果人名以辅音字母结尾，要加上字母 -ii，如达尔文（Darwin）就变成了 darwinii。Frantz 以辅音字 z 结尾，因此可以写成 frantzii。——译注

分布

分布局限于纳米比亚的斯佩格比特或者附近的主要由片麻岩构成的山上：哈伦伯格（Halengberg）和科维斯伯格（Kovisberg），向南延伸至恰肖凯（Tschaukaib）

附近，向北相当远地延伸至科卡哈布（Koichab）附近，科卡哈布区域有着白色的石英石。

注意 _____

　　这个独特的种常常看上去像一个松软的木薯布丁，尤其当它体态臃肿的时候。在有些季节它看上去更像软糖。叶子在蜕皮时有可怕的趋势会被堆叠或者被卡住；有些植株每隔两年才蜕一次皮，老叶在第二个冬天来临时才会变得皱巴巴的！就像所有的生石花属植株一样，古典玉也会在开花后蜕皮，但是它很难开花，除非给水时机非常好。另外，古典玉还容易腐烂，所以使用泥盆并将它置于一个明亮的位置对它的健康是有帮助的，虽然我的一些养得最好的植株是种植在深盆里，放在半阴处，并且浇水非常不规律。将古典玉放置于良好的位置能够带来相对的安全感。

图 74. 丽虹玉，霍特选育

图 75. 丽虹玉，Cole 124

图 76. '佐罗' 丽虹玉

图 77. 双眸玉，SB1098

图 78. 古典玉，Cole 140

图 79. 古典玉，出自哈伦伯伯格

微纹玉系

微纹玉变种 | 乐地玉变种

微纹玉变种 *L. fulviceps* (N. E.Br.) N. E.Br. var. *fulviceps*，1914

名字来源于拉丁语：黄褐色的头。[1]

第 107~108 页，图 80、82~83

　　植株有单头、双头或者形成大群。对叶俯视呈圆形或者卵形到肾形，侧视呈

1　fulvous 是黄褐色的头的拉丁语。——译注

截面或轻微的凸起，面部经常有精细的皱纹，体色呈浅粉棕色到橘黄色，或者灰丁香紫色 [宝典玉（"*lydiae*"[1]），图 82~83]，没有窗面，在突出的绿色或者蓝色的疣之间有数量众多的亮红色或者亮橘黄色的条纹。有时疣点很大，直径可以达到 1.5 毫米，在一个种群中疣点和表面齐平，边缘区界限不明显。开黄花，花大，有着下垂的、肩碰肩的花瓣，花期在仲秋；种荚有 5~6 个腔隙。

---

1 "*lydiae*" 表示是微纹玉曾经有效发表过的拉丁名，现已不再使用。——译注

乐地玉变种 　*L. fulviceps* var. *lactinea* Cole，1973

名字来源于奶白色的体色。注意，*lactinea* 常常被错误地拼成 *lactinae*。 | 第 20 页，图 15；第 108 页，图 84

乐地玉变种和微纹玉变种很像，但是它常常有更宽的体形和（也许）更加牢固的浅粉白色到脱脂奶一样的奶蓝色体色。和微纹玉变种相比，它的红色纹理颜色更浅，更加不明显。

分 布

微纹玉变种有两个分布点。大多数分布于纳米比亚 [卡拉斯伯格（Karasberge）的近郊]，但是也延伸至南非北开普的卢茨普特（Lutzputs）和波法德尔附近的某些点。奇怪的是，分布在卢茨普特的种群和分布在波法德尔的种群是不接壤的，后者常常植根于黄色的片麻岩上，并有着独特的外貌（见"注意"）。乐地玉变种仅以一个小种群的存在分布于其他种群分布点的北部，它躲藏在浅色的钙质结砾岩中。在文献中这个变种是罕见的（同样关于它的文献也是很少的）。

注 意

这个种有很多颜色型。除了上面提到的那些外，还有"波法德尔型"（"Pofadder

form"），它有着芥末色的体色，质地光滑，并有着令人吃惊的凸面。另外还有美丽的、亮红色的 Cole 170（分布在卡拉斯伯格北部 40 千米处）。当微纹玉长到一定年龄后，它趋向于形成一个松散的、圆顶的簇丛，这是一种反常的生长方式，因此需要人们更加精细地养护。像这样的簇丛，我建议人们不要去除所有的老皮，因为这些老皮能够保护新叶和逐渐老去、日趋暴露的茎部。但是，有些其他的植株，即使在株龄 30 岁的时候依然能保持令人欣喜的紧凑结构。

园艺种

‘金块’微纹玉（*L. fulviceps* ‘Aurea’），有着千篇一律的黄绿色的体色（第 108 页，图 85）。这个品种的数量已经到了批发的程度。它的白色花朵和单调的绿色体色形成鲜明对比。（我对此品种可能有点偏见，因为我曾经通宵达旦匆匆忙忙地移植了5000 株这个品种。）蒂姆·杰克逊（Tim Jackson），一个美国培育者，曾经将‘金块’微纹玉和普通微纹玉植株进行杂交，得到了一些有着迷人的泥浆体色的、古怪的极瘦体形的植株。我在 20 世纪 90 年代曾将‘金块’微纹玉和‘硫磺石’柘榴玉杂交，得到的后代与两个亲本没有明显的颜色差异，都是亮绿色的，并有着轻微的凸面。

图 80. 微纹玉变种，Cole 170

图 81. 乐微纹玉变种（见第 201 页），出自波法德尔附近

图 82. 宝典玉（微纹玉曾用名）

图 83. 宝典玉（微纹玉曾用名），Cole 219

图 84. 乐地玉变种，Cole 222

图 85.‘金块’微纹玉

源氏玉系

源氏玉变种　*L. gesinae* de Boer var. *gesinae*，1955

德波尔博士以他深爱的妻子的名字——盖辛（Gesine）——命名。这是
他命名的第一个分类。

第 110 页，图 86~87

　　植株通常双头或者形成小型的簇丛。对叶俯视呈卵形，侧面看有凸面，面部

光滑，体色呈粉灰色到绿棕色或者玫瑰色，常常有中心窗面，并共存着其他绿色的、

小而浑浊的窗面；红色的线纹或者点纹完全缺失。花期在仲秋，开黄花，花相对较大，有浓厚的香味，种荚有 6~5 个腔隙。

第 110 页，图 88

花轮玉变种　*L. gesinae* de Boer var. *annae* (de Boer) Cole，1956

名字来源于安娜·盖尔－朱伯特（Anna Geyer-Joubert）。安娜是阿尔伯特斯·盖尔（Albertus Geyer）博士完美的非洲探险伴侣，她首先发现了这个变种。"随着我妻子的感叹声，只见她突然单膝跪下，在她的脚印旁，这个变种的植株半掩着躲藏着，随后这个变种就以她的名字命名。"

这个变种和源氏玉变种类似，但是分头更少，体形更大、更宽，凸面不那么明显，体色更加呈现红棕色或者黄褐—橘黄色；花朵同样更大。单宁点的排列也不同。相比蹩脚的语言描述，实物的观察更容易区分两者的不同。

分布

这两个都以妻子的名字命名的源氏玉的分布区域很有限。科尔的地图展示了源氏玉变种的两个种群，它们都分布在纳米比亚的奥斯（Aus）东北部。花轮玉变种分布在西部，有两个分布点。在所有情况下，源氏玉都喜欢植根于片麻岩上（或者说片麻岩喜欢源氏玉？）。至少有一个花轮玉变种的种群已经被人类严重毁坏了。

注意

源氏玉的上述两个变种和与之关系密切的同样植根于片麻岩的古典玉在斯佩格比特东北角的西部和北部形成了一个小的群落。这个系列中的一个新的变化体神秘玉在 5 年前被我发现（第 110 页，图 89，2003 年），发现地点正好位于上述这个角。这个新的变化体的植株相当小，灰色（罕见呈现粉色），常常有强烈的窗面，反射着它们赖以生长的锋利的白云岩碎片（碎片中间点缀着细沙）的光芒。它同时具备源氏玉变种和古典玉的某些特征；这个变化体像源氏玉变种那样容易养护，又比古典玉容易开花。

　　我正在努力培育一个有希望的红色的源氏玉变种的植株。另外，我有很多源氏玉意外的杂交体，它们包含了花轮玉变种和瑞光玉亚种的基因。在花轮玉变种和瑞光玉亚种之间有些特征是相关联的，因此这些杂交体是有趣的——我认为它们之间是血缘相近的［它们的相似点：单宁点相似和都喜欢单头；不同点：（红色）纹理不同，花期不同］。但是，显然这些杂交体并没有超越它们的亲本，它缺少一方的清晰度，又缺少另一方的柔和的光泽。

图 86. 源氏玉变种，Cole 207

图 87. 源氏玉变种，Cole 207

图 88. 花轮玉变种，Cole 78

图 89. 神秘玉，SH2003

双眸玉　*L. geyeri* Nel，1943

名字来源于阿尔伯特斯·盖尔博士，派驻南非的伦敦高级官员，也是一个聪明的、热心的生石花爱好者。附录6以文字的形式重现了他在1951年所做的精彩的授课。

第26~27页，图22~23；
第105页，图77

植株有双胞胎似的双头，或者形成大量的簇丛。对叶较小，俯视呈狭窄的卵形，侧视有凸面，对叶轻微张开，面部光滑，体色呈浅白绿色到奶油白色，常常有粉色的色调（双眸玉的前称是 *L. hillii*），中心常常有窗面，少有近不透明。开黄花，花中心白色，花朵常常较大和细长，花瓣张开覆盖叶面，有浓厚的香味，花期在仲秋。种荚有5个腔隙。

分布

这个种的分布比以前认为的更加广泛——最近有人发现一个喜欢和肉锥属的哈默灯泡（*Conophytum hammeri*）共生的密度很大的种群——但是另一方面，这两个共生的种群严重局限于一个已经被揭示的生长地即小海尔斯洛夫（Little Hellskloof）地区。双眸玉植根于山脊片麻岩和白色的石英石上，或者在充斥石英碎石的斜坡的边缘上。另外一个地点，即以前 *L. geyeri* "*hillii*"（双眸玉旧称）的主要栖息地，现在已经大部分被畜栏取代。

注意

这是位于理查德斯维德的一种绿色生石花。它和西边的蛇纹玉有近亲关系，但是蛇纹玉更加肥胖和宽大。另外它和南边的青磁玉也有近亲关系，但是青磁玉的叶子更加陡峭，张开度也更大。这三者的单宁点是一致的，主合派可能将它们都归于一个种，即蛇纹玉。在盆栽过程中，双眸玉可以接受大量的光照，如果给予大量光照，它会缩回到土壤中，这让尊重自然规律的人很高兴，但是却让种植者失望，种植者总是希望它们能永远地留在原来的位置。

荒玉系

荒玉变种 | 苇胧玉变种 | 舞岚玉亚种

荒玉变种 *L. gracilidelineata* Dinter subsp. *gracilidelineata* var. *gracilidelineata*, 1928

这是"细线型"生石花。

第 12 页，图 7；第 48 页，图 36；第 115 页，图 90~91

植株单头或者双头，很罕见地形成大量簇丛。对叶俯视呈圆形，侧视呈截形，但是有时候臃肿得像棉被，面部呈现粉笔白到蓝白色，或者浅粉色，"浅牛奶茶的颜色"（丁特尔），浅棕色到咖喱色；表面因为存在数量众多网状的棕色或者红色的线条形沟而变得粗糙，罕见有光滑的例子（Cole 373），通常不透明，但是有时候也呈模糊的半透明状。开黄花，花色常常较浅，花朵相对较小，有浓厚的香味，花期在初夏，但是比曲玉要晚；种荚有 6~7（或到 12）个腔隙。

苇胧玉变种 *L. gracilidelineata* subsp. *gracilidelineata* var. *waldroniae* de Boer, 1963

名字来源于莫莉·沃尔德隆（Molly Waldron），她就住在这个分类的栖息地附近，并于 1960 年收集了这个种。

第 115 页，图 92

植株单头或者双头，但是有时会形成大的簇丛。对叶和荒玉变种相似，但是有更明显的凸面，体形更小，体色总是呈白色，常常在边缘区有着更深更密的羽状的沟，因此这个种更像大脑。花朵更小（小很多），花色常常较浅，种荚也较小（花小当然种荚也小）。

名字来源于地名布兰德山，很多人认为这是纳米比亚最高的山。

第 65 页，图 43；第 115~116 页，图 93~94

植株通常单头，强健。与其他种的不同在于它那引人注目的橘黄色、青铜色或者黄色的体色，还有更丰富、更宽的红线纹，以及更大的，常常是更加暗黄的花朵。

分布

荒玉系分布在南起纳米比亚鲸湾港(Walvis Bay)北至弗朗斯方丹(Fransfontein)之间的狭长地带。在鲸湾港附近的种群是以纤细为主要特征的、有着漂亮饰面的苇胧玉变种。通常它们植根于石英石上，但是有时候也会在深色的岩石上被发现。我不知道特里布纳报道的"砖红色"和"深红色"的植株是在哪里发现的。[他也许仅仅是引用了雅各布森的内容(*Jacobsen's Handbook* Vol. 3:1231[1960])。] 舞岚玉亚种分布在高海拔地区，它是生石花属中生长海拔最高的种，植根于花岗岩中。舞岚玉亚种的栖息地面积占了荒玉系分布总面积的三分之一以上。值得注意的是布兰德山是一个广阔而独立的区域，它孕育了很多独特的地方种——至少 11 个。[见诺登斯坦(Nordenstam)1974 年发表的文章：The Flora of the Brandberg, in *Dinteria* 11。]

注意

这是少数几个喜欢保持单头状态的种之一，即使是 20 年龄株了，大部分还是保持单头状态。苇胧玉变种常常很难和荒玉变种区分，理论上苇胧玉变种有着更深的凹凸感，但这只对模式产地的植株，即 Cole 189 适用。Cole 243 体型更大，凹凸感不甚明显，大部分栖息在苇胧玉变种境内（Cole 在 1988 年的书中对这个分类的描述很模糊）。荒玉变种有时比较容易和另外一个喜欢保持单头状态的分类瑞光玉亚种混淆，但是后者的顶部通常是光滑的，白色的植株很罕见［"琅玕玉型"（"farinosa"）］。奇怪的是，荒玉变种中的一个种群，即 Cole 373，也是光滑的，这和宝贵玉亚种很像，Cole 373 有着光滑的树枝状的纹路，而按荒玉变种的规律，这些纹路本来应该是以沟的状态存在的。

很多年来，舞岚玉亚种在园艺上是罕见的，虽然德波尔致力于这个亚种的推广，并送了一些苗给英国和南非的收集者。米亚斯·肯尼迪保留了少量但是有用的、带有德波尔血统的植株。这些植株和后来收集者手上的植株很相似：后来收集者手上的植株中一种来自科尔（Cole 383），另一种来自彼得·布鲁因，还有一种来自科尔的一个朋友，他提供了另外一个不同种群的植株，后来给了编号 Cole 394（一些科尔编号的种群并不是科尔自己收集的）。Cole 394 比 Cole 383 略红一点，现在这个亚种已经有了很大的流通量。德波尔和施万特斯都喜欢把舞岚玉亚种和瑞光玉亚种相比较，确实这两者之间有一些有趣的共同特征。舞岚玉亚种泥土般的表皮颜色和瑞光玉亚种的一些类型很像。但是荒玉变种的颜色范围很难让人捉摸透，至少对我而言是这样。施万特斯将一个纯白色、"有像木头一样坚硬质感"的变化体命名为 *L. streyi*（丝瑞玉）[1]，但是后来他才意识到这仅仅是荒玉系的一种极限颜色型。这个变化体和 Cole 373 相对应，Cole 373 在上面已经提到两次了。

---

[1] 施万特斯最初将这个变化体列为生石花属的一个新种，后来才意识到这只不过是荒玉的一种极限颜色形式。——译注

园艺种

荒玉变种和苇胧玉变种都可以选出白花园艺种，事实上这两个白花园艺种非常类似，几乎不能区分。'弗里兹白夫人'（'Friz's White Lady'），是从苇胧玉变种中选拔出来的，它是比较常见的白花园艺种。'拿铁咖啡'（'Café au Lait'）（第 116 页，

图 95）是一种青铜色和奶油色相间的纹路选拔种，它很可能是从 Cole 309 中选拔出来的。我曾经尝试繁殖有更深的橘黄体色的舞岚玉亚种，但是相反的，却得到了更加浅色的植株。舞岚玉亚种的体色同样有绿色、非红棕色的趋势，很多培育者，包括科克斯维莱（Kocksvlei）地区的弗瑞克·杜洛伊（Frik du Plooy），都致力于这个选拔方向。我还尝试培育更具凹凸感的苇胧玉变种，我可能已经成功了。我已经有一些具异常明显的红线纹的播种苗了。

图 90. 荒玉变种，霍特选育

图 91. 荒玉变种，Cole 262

图 92. 苇胧玉变种，Cole 189

图 93. 舞岚玉亚种

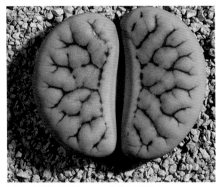

图 94. 舞岚玉亚种，P. V. 布鲁因选育　　　　　图 95. '拿铁咖啡' 荒玉

巴厘玉系

巴厘玉变种　*L. hallii* de Boer var. *hallii*，1957

名字来源于哈里·霍尔，一位英属南非的杰出的收集者、培育者和观察者。第 118 页，图 96~97

　　植株形成马蹄形的双头或者大群。对叶俯视呈宽卵形，侧视呈截形，叶片之间紧密相连。面部粗糙，有锥形的小凸起。体色呈浅棕色到暗棕色或者灰棕色，罕见有白褐色或者粉色，通常隐约地存有窗面，总是存在一些被掩盖的精细的红色"针状纹路"（红纹），边缘厚，呈扇形，朴实无纹，并且凸起。开白花，常常有粉色的色调，花期在晚秋；种荚有 6~5 个腔隙。

欧翔玉变种　*L. hallii* var. *ochracea* (de Boer) Cole，1962

名字来源于它的赭黄色[1] 的体色，这个名字不是很恰当，因为这些植株比起赭黄色更接近红色。第 119 页，图 98

　　它和巴厘玉变种相似，但是有着红色、灰粉色和橘黄色（或者赭黄色）的体色，

1　ochre 有赭黄色的意思，与拉丁名 ochracea 相对应。——译注

并有着更光滑和更大窗面（或者说是开窗）的趋势。有时边缘区比巴厘玉变种更加明显。

广泛分布在从霍普敦（Hopetown）到布里茨敦（Britstown）再到格伦德内斯（Grondneus）的三角地带，跨越奥兰治河，但是没有延伸至纳米比亚。巴厘玉变种喜欢植根于平坦的钙质结砾岩上，同时，也植根于沙石上［"棕色型"（"Brown form"）］；欧翔玉变种则喜欢植根于白色和粉色的石英石和伟晶岩上。这两个变种的分布范围相互重叠，但是大多数欧翔玉变种的种群分布在巴厘玉变种栖息地的北面。

这个种和富贵玉非常相似，并且它们的栖息地一致，以至于很多年来它被归于富贵玉这个种下。这当然也有巴厘玉发表时间较晚的原因。霍尔和德波尔都惊讶于巴厘玉那闪耀的白色花朵，它和富贵玉的各种黄色花朵形成鲜明的对比。"棕色型"（Cole 135 和 Cole 136）有着丰富的体色，有时有强烈的不透明感；那些紧密相连如指甲锉刀一样的粗糙纹路阻碍了任何的透光性。一些种群的体色趋向于灰色（"灰色型"，Cole 119）或者灰绿色，这些和李夫人玉很像，尤其和德波尔之前命名为"网纹型"李夫人玉变种（Cole 87）的植株很像。而科尔认为网状李夫人玉变种只是巴厘玉和李夫人玉在自然条件下的杂交体。李夫人玉通常是具有更加光滑表面的种。巴厘玉（Cole 45）的"白色型"（第118页，图97；这个名字是我取的，不是科尔取的），是一个让人困惑的种。它有着类似于福来玉变种的颜色，甚至显示出福来玉变种的粉色和浅蓝色体色；但在质地和纹理上最接近于欧翔玉变种。欧翔玉变种容易和见霓玉亚种混淆，但是后者有更为严格的边缘区域，通常显示出绿色至褐红色的体色。在所有上述的类型中，巴厘玉变种是最容易养殖的，对新手而言是个不错的选择。欧翔玉变种特别引人注目，在它的很多代表种群中：Cole 59 通常是最红的，有鲜艳的朱砂红色，Cole 39 则更多地呈现锈红色，Cole 303 常常呈现一定程度的棕色。

园艺种

'绿皂石'巴厘玉（'Green soapstone'；第 119 页，图 99。Cole 111A）是一个毫不吹嘘的引人注目的品种，它突变自欧翔玉变种。红纹退化成隐约的赭黄色斑点，整个植株大概就像白化病一样被漂白并显示出浅黄绿色。我曾经将'绿皂石'和见霓玉亚种杂交，得到的后代很强健，但是有着讨厌的抗恶心药的粉色，并且它们几乎是不育的。这对我来说是一个有趣的结论，即见霓玉亚种和有多个 l 的系列（*hallii—julii—fulleri—salicola*，威尔士人梦想的发音形式[1]）血缘关系较远。

---

[1] 威尔士人喜欢使用 ll 的字母组合，并且认为含有 ll 的单词发音特别动听。虽然其他的英国人压根就不能这样发音。文中的 hallii、fulleri 都含有 ll 这样的字母组合，特别符合威尔士人的审美。这是作者的一种戏谑说法。——译注

图 96. 巴厘玉变种，Cole 50

图 97. 巴厘玉变种"白色型"，Cole 45

图 98. 欧翔玉变种，出自斯汀布拉克（Stinkbrak）

图 99.'绿皂石'巴厘玉，Cole 111A

图 100.'绿皂石'巴厘玉和'孔雀石'李夫人玉杂交的子代

青磁玉系

青磁玉　*L. helmutii* L. Bolus，1933

名字来源于赫尔穆特·迈耶（Helmut Meyer），他作为一个相当年轻的人陪伴他的牧师父亲一起走上了收集生石花的旅途。父子俩都住在斯泰伦博斯（Stellenbosch），在那里，赫尔穆特培育了漂亮的杂交兰科植物帝沙（Disa）[1]。

第12页，图6；第126页，图101

植株形成双头或者小型簇丛。对叶俯视呈狭长的卵形，侧视有强烈的但不规则的凸面，几乎是"多面体的"，对叶轻微或者强烈分开，面部光滑，浅绿色到草绿色，罕见有紫色的色调，中心总是有窗面，窗面上的条纹好像闪耀的猫眼睛。开黄花，花中心白色，相对较大，有浓厚的香味，花期在仲秋或者晚秋。种荚有5个腔隙。

1　萼距兰属的一个品种。——译注

分布

迄今为止只知道两个小的种群，都分布在施泰因科普夫（Steinkopf）北部的石英岩质的山上。它们的分布仅一箭之隔——在花粉可以互相传播到的范围内；因此把它们认为是一个种群或许更加合适。

注意

这是很容易养殖的另外一种"绿色生石花"，它在人工培育中很常见，但是在野外却很罕见。它曾经和生长在施泰因科普夫附近，与其分布仅隔一条马路的绿体茧形玉相混淆。奇怪的是，这些绿体茧形玉散发着和青磁玉一样的浓厚花香，它们还曾经一度被认为是青磁玉的"白花型"。然而，绿体茧形玉缺少典型的青磁玉多面体凸面的形态，并且开的是白花；此外，它们还缺少青磁玉的玻璃质感。

蛇纹玉系

蛇纹玉　*L. herrei* L. Bolus，1932

名字来源于阿道尔·"汉斯"·赫雷〔Adolar"Hans"Herre〕[1]，他是研究纳马夸兰多肉植被最伟大的探索家之一。

第 126~127 页，图 102~103

　　植株形成大型的多头簇丛。对叶俯视呈卵形，侧视有凸面至轻微的截形，光滑，体形略胖，体色呈灰绿色至象牙白，窗面形式变化多端，可以从均匀全窗〔"唐蓝玉型"（"*translucens*"），图 103〕到布满纹路的碎窗，并且常常有不透明的宽大边缘。开（暗）黄色花，花中心白色，相对较小，花期在仲秋。种荚有 5 个腔隙，质地柔软。

1　名字中带双引号的是他的昵称。——译注

分布

　　这个种分布在奥兰治河两边的多雾地带，范围从亚历山大湾（Alexander Bay）到森德灵斯德里夫（Sendelingsdrif）和达贝拉斯德瑞夫特（Daberasdrift）。分布在西边的种群植根于苔藓地，而东边的种群则生长在干燥和暴露的环境中。在奥兰治河靠近纳米比亚的河岸边上有至少两个种群；在达贝拉斯（Daberas）附近的植根于灰片岩上的种群是小型的，看上去营养不足，而另一个极端是厄恩斯特·弗里茨从亚历山大湾北东方向大概 65 千米处采集到的强健的植株（Cole 355），这是一个健康的、大体型的种群。

注意

　　蛇纹玉有众多的类型。也许最引人注目的是 Cole 355，它是异常大型的，呈现一定程度的截形，几乎不透明。人们几乎可以把它当成粗短版的菊水玉！一些在森德灵斯德里夫（奥奇塔）的种群和 Cole 355 很像，它们有美丽的粉笔白的体色，然而在接近大西洋海岸线（亚历山大湾附近）的种群的体色很清澈，看上去像大内玉。

确实，蛇纹玉和大内玉唯一真实的区别就是它们分布的纬度不同，它们之间非常容易杂交（第 47 页，图 33 ）。有时它会和双眸玉混淆，但是双眸玉有着更加娇小的身体，开更大的花朵。同时它常常可以通过绿色或者粉色的体色、轻微狭窄的体形和那些蛇纹玉不透明的类型区分开来。在所有情况下，蛇纹玉和它的相似种一样，非常容易养殖，它们对喷薄雾的浇水方式反应良好，并且容易分头。

富贵玉系

富贵玉变种 | 大宝玉变种 | 烟晕玉变种 | 黄富贵玉变种 | 丸贵玉变种 | 窗富贵玉变种 | 珊瑚玉变种

富贵玉变种　*L. hookeri* (Berger) Schwantes var. *hookeri*，1908

名字来源于约瑟夫·胡克（Joseph Hooker）爵士，1874 年他将富贵玉和肉锥属的 *Mesembryanthemum* [*Conophytum*] *truncatellum* Haw (1803) 混淆在了一起。在一幅精美的彩色的植株插图上，他在种名后标注了 Haworth[1] 这个词（我们现在知道它是富贵玉了）。伯杰在 1908 年纠正了这个错误，并还是以胡克的名字给这个新种（或者说早就发现的种）命名。错误不是经常能得到嘉奖的[2]！关于富贵玉的记录是从 1874 年开始的，但是真正的名字却从 1908 年才开始沿用。

第 127 页，图 104

植株形成中等或者大型到极大型的簇丛。对叶俯视呈圆形或者卵形，侧视顶部呈截形，体色呈浅棕色到红棕色或者灰棕色，常常嵌入面部的沟渠，形成或粗或细的大脑般皱褶，其中镶嵌着细红线；窗面退化成沟渠；常常有分明的，有时是凸起的边缘。开黄花，花朵大型至巨型，花期在仲秋；种荚有 6~7 个腔隙。

1　Haworth 即 Haw 的全称。——译注
2　是指胡克虽然错误地把富贵玉列为了肉锥属，但是后来还是以他的名字命名了。——译注

大宝玉变种　*L. hookeri* var. *dabneri* (L. Bolus) Cole，1965

名字源于达布纳（Dabner），关于达布纳的姓的首字母，资料上众说纷纭，有说是 L.（Bolus 1965 [JSAB:237]），也有说是 F.（见 Bolus 1965 [JSAB:311]）或者是 A.（Cole 1988）。不管怎样，这些植株都是由达布纳在他位于金伯利（Kimberley）南部（不是资料中提到的西北部）的农场上发现的。

第 127 页，图 105

这个变种的区别是有着浅色、灰蓝色的体色（波卢斯提到的是粉灰色），另外在面部，颜色较暗的密集的沟渠形成了浑浊的窗面化的背景。德波尔在1965年10月30日写给波卢斯的信中提道："我不得不告诉你这些植物和丸贵玉是非常相似的……"波卢斯接受了德波尔的说法——虽然她对德波尔手上丸贵玉的植株来源有所怀疑，毕竟在当时这个分类是相当模糊的——但是在1973年，科尔认识到了大宝玉变种的颜色总是和丸贵玉格格不入，与此同时，他将后者正式列为了丸贵玉变种。也许，德波尔的丸贵玉植株是来源于A.鲁克斯（A. Roux）[1]，而大宝玉植株是来源于哈里·霍尔。

1　A.鲁克斯非常熟悉金伯利地区和当地的生石花，文中指很有可能德波尔所谓丸贵玉就是鲁克斯收集自金伯利地区的，也就是大宝玉变种。因此得出丸贵玉和大宝玉变种是一样的结论。——译注

名字来源于它的象灰色的体色，并不是指它的体形像大象那么大。　　第128页，图106

　　它和富贵玉变种很像，但是有特别灰暗的类似大象的体色。沟较浅，数量稀疏。不管缺不缺水，它都容易起皱。另外这个种分头困难。

名字来源于它的"黄色"的对叶[1]。不知道德波尔是不是想起了柯南·道尔[2]的冒险故事"黄脸人"才起的这个名字。事实上，这个变种几乎不呈现黄色。　　第128页，图107

　　这个种的辨识点在于它那凸起的、橘棕色的身体，面部有光泽的红线纹环绕在粗糙的隆起周围。植株趋向于终生保持双头状态。

1　名字中的拉丁文 lutea 有黄色的意思。——译注
2　阿瑟·柯南·道尔（Arthur Conan Doyle，1859~1930），生于苏格兰爱丁堡，因塑造了成功的侦探人物夏洛克·福尔摩斯而成为侦探小说历史上最重要的作家之一。他有一个故事的题目就是《黄脸人》（*The Yellow Face*）。——译注

丸贵玉变种　*L. hookeri* var. *marginata* (Nel) Cole，1946

名字明显地来源于它的边缘部分，尼尔将它描述成：外边缘区呈锯齿状（流苏状），内边缘区呈齿状。也许尼尔已经词穷了，也或许是他缺少第二个缪斯女神的相助，才起了这个名字。

第 128 页，图 108

这个变种和富贵玉变种相似，但有着精细的划痕，（经常）呈一定程度的更加明显的半透明度，它的纹路给视觉以 3D 的眩晕感。它的灰绿色、灰褐色、米黄色或者樱桃色的体色同样都是独特的、怪异的，这种体色在这个系其他剩下的分类中也是罕见的（除了珊瑚玉变种，它同样是颜色丰富的）。

窗富贵玉变种　*L. hookeri* var. *subfenestrata* (de Boer) Cole，1964

名字来源于"一定程度窗面化"的顶部，虽然这个种加词的使用可能直接启迪自德波尔同期对于 *Conophytum subfenestratum* Schwantes 的研究。德波尔的朋友亚瑟·菲舍尔（Arthur Fischer），最近对这个变种进行了一些修改。

第 128 页，图 109

这个变种和富贵玉变种相似，但是凸起感弱，富有巧克力的棕色和紫罗兰棕色，并伴随"可口"的色泽。它通常有一定程度的"窗面化"。这个变种的"紫褐型"（*"brunneo-villacea"*，Cole 19）和窗富贵玉变种一起发表，它们之间只有微小的差别，"紫褐型"看上去更粗厚，一定程度上缺少光泽，窗面更明亮但是更小。

珊瑚玉变种　*L. hookeri* var. *susannae* (Cole) Cole，1970

名字来源于苏珊娜·伯格（Susanna Bergh），她和这个变种的发现有一定的关系。

第 128 页，图 110

这个变种与大宝玉变种及丸贵玉变种类似，但是有醒目的浅褐棕色或者甚至暗黄色，体形略宽，有支离破碎的沟——这种沟长度不会很长。植株容易分头。

分布

富贵玉系分布在南非西北部的格鲁伯斯普（Groblershoop），南部的布里茨敦和东部的金伯利之间。在这片区域中，岩石类型，甚至卵石尺寸（我的猜想）都有很大的变化。富贵玉变种是最普遍的种群，分布在这个系栖息地的西部和南部地带（植根于各种石英石、沙石和火山岩上）。窗富贵玉变种分布在这个系栖息地的中央地带（植根于深色的铁矿石上）。黄富贵玉变种分布在这个系栖息地的西北边缘（植根于粗糙的粉色或者棕色的石英石上）。烟晕玉变种分布在这个系栖息地的东南边缘（植根于恶劣的辉绿岩上——我认为几乎没有番杏科植株能生长在这样恶劣的辉绿岩上）。丸贵玉变种则延伸至这个系栖息地的东部（植根于页岩、石英石、火山岩和辉绿岩上）。大宝玉变种植根于钙质结砾岩上。珊瑚玉变种植根于碎片化的伟晶岩上。这些植株常常和天女玉属的天女玉（*Titanopsis calcarea*）、梅厮木属的 *Mestoklema arboriforme* 植株生长在一起。

注意

这个分布广泛的系有很多地方种，其中一些没有正式的名字。其中最好的一种是富贵玉变种的"蠕虫纹型"（"vermiculate form"，图 104），它有着精细的、密集的凸起纹，而黄富贵玉变种则是它相当保守相反面。丸贵玉变种是这个系中颜色变化丰富的——科尔列举了"樱桃色型"和"红棕色型"，这两种颜色都是很微妙的。珊瑚玉变种／大宝玉变种是明显的一对，以及窗富贵玉变种／烟晕玉变种这一对都代表了有光泽／无光泽这两个矛盾的特性。所有这些变种都比较容易养，我们可以在这个种中收集到一些让人满意的、各种颜色的植株。在 1988 年前，富贵玉的名字是 *L. turbiniformis*（Haw）N. E.Br.，这个名字在一些老的标签上仍然可以看到，而霍沃思（Haworth）发表的这个名字模棱两可[1]，几乎不能理解。虽然这

1　富贵玉最早的名字是 1821 年霍沃思发表的 *Mesembryanthemum turbiniforme*。——译注

个名字确实适用于生石花属中的某个种，即那个被布西尔（Burchell）发现的植株，但是现在它不能被继续沿用。布朗在1920年对富贵玉的解读是最被认同的，这是布朗"自我诱导"的成功范例[1]。

1　在一次关于碧姬莲属（*Bijlia*）的争论中，波卢斯曾经指责过布朗"自我诱导"。文中引用了这段往事。——译注

园艺种

'绿色嫉妒'品种（'Envy'；第128页，图111）出现在一盆富贵玉Cole 336×Cole 336的播种苗中，另外在澳大利亚栽培的一些植株中也有出现，这普遍认为是它的第一次亮相。丸贵玉变种可以也应该能够培育出更大的窗面。我已经在Cole 338上进行尝试，科尔的一盆Cole 338中就有很多令人惊奇的半窗面化的植株。（见Cole 1988，p. 143！）

图101. 青磁玉，Cole 271

图102. 蛇纹玉，出自森德灵斯德里夫

图 103. 蛇纹玉 "唐蓝玉型"

图 104. 富贵玉变种 "蠕虫纹型"，出自斯特雷登堡（Strydenburg）

图 105. 大宝玉变种，Cole 13

图 106. 烟晕玉变种，Cole 92

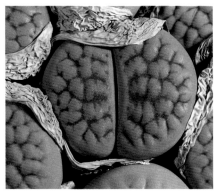

图 107. 黄富贵玉变种，S. Hammer 869

图 108. 丸贵玉变种，Cole 338

图 109. 窗富贵玉变种，Cole 21

图 110. 珊瑚玉变种，Cole 91

图 111.‘绿色嫉妒’富贵玉，Cole 336 × Cole 336

寿丽玉系

寿丽玉亚种 | 福来玉变种 | 茶福来玉变种 | 福惜玉变种

寿丽玉亚种　*L. julii* (Dinter & Schwantes) N. E.Br. subp. *julii*，1925

名字来源于施万特斯和丁特尔共同的来自汉堡的朋友尤利乌斯·德伦伯格（Julius Derenberg）博士，他资助了丁特尔的探险队，同时正在努力培育最出色的北欧园艺种。

第 46 页，图 30（下）；第 47 页，图 34；第 133 页，图 112~115

植物单头到多头，大多是双头的。对叶俯视呈卵形 / 肾形，侧视呈截形，侧面呈白色到珍珠灰，顶部常常有轻微的隆起，颜色和纹路多变，从一致的白色的"浅色型"（"*pallida*"）到带棕色斑块的"褐色型"（"Fuscous form"，图 115），再到美丽的带红色或者棕色网纹的"网纹型"（"*reticulate*"，图 30、图 112），有时候在锯齿状的沟渠中有凹陷的棕色纹路，罕见有更进一步的绿色或者褐红色纹路［"大理石型"（"*chrysocephala*"），图 34、图 113~114］，红纹有粗有细或者缺失。裂缝区常常至少有几个暗点，或者有像"口红"涂过一般的痕迹，有时这些痕迹会包围裂缝区，但是这些痕迹不会将植株置于暴露的危险。开白色到粉白色花，花期在晚秋；种荚有 5~6 个腔隙，种子很小，颜色很浅。

福来玉变种　*L. julii* subsp. *fuller* (N. E. Br.) Fearn var. *fulleri*，1927

名字来源于欧内斯特·福来（Ernest Fuller），他在肯哈特 – 波法德尔地区收集了很多有趣的番杏科植物（*L. olivacca*，*Ebracteola fulleri*，*Conophytum fulleri*，*Cephalophyllum fulleri*）。作为肯哈特地区的邮政局长，他一定有很多机会去探索未知的小路。

第 133 页，图 116

这个变种和寿丽玉亚种相似，主要区别在于它扇形边缘区的双色纹理，精细的交叉有缝线般的红纹，裂缝区域缺少口红般的痕迹。（简单地说就是这三点。）窗面常常布满了复杂的马赛克纹，这点有点像寿丽玉亚种的"褐色型"，但是福来玉变种有另外的体色。福来玉变种还有个不同点是，它的栖息地不会跨越在波法德尔北部地区的奥兰治河。

名字恰如其分地反映了它那棕色的窗面，它可能是由赫基·霍姆收集到的。赫基·霍姆还在同一个栖息地机缘巧合地收集到了粉花的肉锥属，翡翠玉，小红嘴亚种［*Conophytum calculus* subsp. *vanzylii*（NBG 238/62）］。

第 133 页，图 117

这个变种和福来玉变种类似，主要区别在于它更加简单的纹路、更加棕色和更加强烈凸起的窗面，它肩部的颜色也趋向于更暗。

名字来源于 A. A. 鲁克斯（Roux 发音是 rue），他在 1963 年收集了这个种。现在我们也许不清楚了，鲁克斯曾经可是有着精美的生石花收藏。

第 134 页，图 118~120

这个变种和福来玉变种类似，主要区别在于它的扇形边缘有尖锐棱角，并且在边缘处有华丽的三种颜色（即使在内边缘区，即裂缝线边缘处也是如此），此外它还表现出了一定程度的紧凑感，这提示了它和它最近的"邻居"寿丽玉亚种相近；它的纹理让我们想起没有上釉的瓷器。

分布

寿丽玉分布范围广泛，但被分成很多区域：寿丽玉亚种分布在由古德豪斯（Goodhouse）、卡拉斯堡和波法德尔组成的三角地带，栖息地到奥兰治河戛然而止，因此它的分布仅限于纳米比亚。福来玉变种分布在南非，跨越奥兰治河，但是只出现在凯穆斯和格伦德内斯附近，南至加穆普（Gamoep），西至康科迪亚（Concordia）的一点。这两种都植根于点缀着石英砾石或者没有石英砾石的伟晶岩上。严格意义上讲，茶福来玉变种现知的只有一个位于波法德尔东部的种群，植根于片麻岩上。但是分布在阿赫内斯（Aggeneys）北部的种群（SH553）是茶福来玉变种和福来玉变种的中间体，它有着和茶福来玉变种相似的凸面，但是颜色比正常的茶福来玉变种更加浅。它们植根的岩石类型一致。阿赫内斯本身就孕育了典型的、体色较浅的福来玉变种，它们和肉锥属的灯泡（*Conophytum brugeri*）生长在一起。福惜玉变种分布在奥兰治河的遥远的西部和北部，即在维奥尔斯德里夫东北部的几个点。奇怪的是，它的分布跳过了寿丽玉亚种的栖息地，然而它的形态学特征最接近于福来玉变种。它确实看起来像变形了的福来玉变种，事实上，很多福来玉变种的植株都有着福惜玉变种的影子！整块栖息地都分布着各种春桃玉属（*Dinteranthus*）植株。

注意

寿丽玉系可能是生石花属中最具吸引力的系了。所有的分类，除了茶福来玉变种，都是广泛分布和高度可变的，寿丽玉亚种尤其如此。施万特斯的《开花的石头》一书中（pl,61B）提到的"福来玉"（*L. fulleri*）[1]和寿丽玉"棕色型"很像（或许就是寿丽玉的"棕色型"），然而寿丽玉"棕色型"这个变体从来没有被正式命名过。雪玉变种（*L. julii* var. *littlewoodii* de Boer）体型相对较大，体色较浅，特征和寿丽玉系的其他类型相重叠，这个名字显得多余了，所以科尔将它从分类上除名。特里布纳提议过 *L.* "*helmiae*" 这个名字，但是他从来没有发表过，我猜是因为它的特征和尼尔发现的华丽的"大理石型"重叠了。科尔在瓦姆巴德东南部的一个农场上再次发现了这种"大理石型"的变化体。

德波尔在寿丽玉系上做了大量的工作，他观察到有些变化体的纹路都是"可以稳定遗传"的，所以这些纹路变化体应该被列为寿丽玉亚种下的变体。然而，在人为定向控制的园艺化过程中，所有的特性都可以做到"遗传"。对此，德波尔认为自己的园艺繁殖和天然繁殖具有一定的关联性[2]。确实，在瓦姆巴德附近的一个巨大的农场中的一些区域"浅色型"可能占了大多数，而在同一农场的另外一

1　施万特斯在书中将福来玉作为了一个独立的种来分类。——译注
2　寿丽玉亚种显示了高度的多变性，它的变化度比另外一个亚种即福来玉亚种所有的变种加起来还要高，这些变化体在纹理和颜色上相互交叉，无法分辨（引自《开花的石头》，科尔，1998）。因此，在寿丽玉系下没有设立任何的变种。德波尔的意见是，由于某些纹理可以稳定地遗传，因此可以在寿丽玉系下设立变种。但是作者的意见是稳定遗传在园艺过程中都可以做到，因此，不需要在寿丽玉亚种下设立变种。——译注

些区域中"网纹型"占了大多数（那里的农民称之为"印刷体植物"[1]）。但是在这同一个农场中，"浅色型"和"网纹型"也会同时出现。据我所知，寿丽玉系栖息最北的种群是 Cole 64，这个种群有很大比例的植株具有精细的网纹，其中一些还同时具有浅色的面部；这个种群很少有其他的颜色型。Cole 349，分布在更南的地方，体色常常非常浅，像一个蓬松的棉花糖。

对于福来玉变种，不同地区的种群有着各自独特的面部特征：阿赫内斯地区的种群面部是浅色的，阿平顿地区的种群面部是有粗纹的，Cole 259（加穆普的东北东地区）有很高比例的植株有密集的红色脉络，Cole 323（阿平顿西南部）的纹路有明显的凸起，Cole 203 有着简单的粗纹。但是，这些植株的状态都是基于少量盆栽的数据（以及科尔培育盆中植物的数据）得出的，从统计学上来说，也许这些性状是错误的或者有误导性的。在纳米斯(Namies)地区的福来小道(*fulleri*-lane)上生长的植株是变化多端的，人们可能在半天之内就可以找出符合上述描述的所有的形式。

1　因为"网纹型"的图案像报纸的网格一样规则有序。——译注

园艺种

'薄荷奶油'寿丽玉（*L. julii* subsp. *julii* 'Peppermint crème'，第 134 页，图 123）是一个有着很好的浅绿色体色的奇葩，它至少在三种 Cole 编号种群（Cole 297、349 和 205）中出现过。一个有趣的现象是这三个种群中，至少有两个种群的栖息地是没有关联的。我曾经很喜欢一个位于兰巴威（Rambawed）附近的野外植株，为了获得相似的外观，通过对一些种子的剔除和选拔试验后，'热唇'寿丽玉（*L. julii* subsp. *julii* 'Hot Lips'，第 134 页，图 122）诞生了。漂亮的'绿福来'寿丽玉（'Fullergreen'，第 134 页，图 121）是从分布在纳米斯地区的植株中选拔出来的，它和最近出现的'孔雀石'李夫人玉（*L. salicola* 'Malachite'）容易混淆，但是'孔雀石'李夫人玉和'绿福来'寿丽玉相比没有实质性的变化。

图 112. 寿丽玉亚种"网纹型"，Cole 64

图 113. 寿丽玉亚种"大理石型"，Cole 205

图 114. 寿丽玉亚种"大理石型"，Cole 205 浅色型

图 115. 寿丽玉亚种"褐色型"，Cole 218

图 116 福来玉变种，Cole 62

图 117. 茶福来玉变种，Cole 179

图 118. 福惜玉变种，Cole 215

图 119. 福惜玉变种，Cole 324

图 120. 福惜玉变种，出自瓦姆巴德西南

图 121. '绿福来'寿丽玉

图 122. '热唇'寿丽玉

图 123. '薄荷奶油'寿丽玉，Cole 297A

花纹玉变种 *L. karasmontana* (Dinter & Schwantts) N. E.Br. subsp. *karasmontana* var. *karasmontana*，1920

名字来源于它的栖息地，即位于纳比米亚南部的卡拉斯（Karas）山脉。第 39 页，图 26；第 140~141 页，图 124~128

　　植株通常是多头的。对叶俯视呈椭圆形，侧视呈截形或者有轻微的凹面，株形紧凑，侧面呈白棕色到浅棕色，有时候呈暗淡的蓝灰色，顶部常常有起伏的"丘陵"和数量众多的槽，但是有时也有平坦的例子。颜色和纹路的变化丰富，颜色从均匀的蓝白色［"白熏玉型"（"*opalina*"），图 128］到黄棕色的［"朱唇玉型"（"*summitatum*"）］，或者砖红色的［"砖红玉型"（"*lateritia*"），图 126）；有时有着巧克力色的楔形纹路［"美熏玉型"（"*mickbergensis*"），图 127］；有时有着很好的线纹。纹路有时深深地嵌入面部，红纹偶尔缺失，但是通常都是明显的。窗面不明显，但是即使有，也被分割成数量众多的窗格。裂缝区没有或罕见有纹路，两边各被一个半月形的纹路包围。花大，开白花，罕见有粉色，花期在晚秋。种荚有 5~6 个腔隙。

爱爱玉变种 *L. karasmontana* subsp. *karamontana* var. *aiaisensis* (de Boer) Cole，1964

名字来源于爱－爱斯（Ai-Ais，发音类似 aye-ayes），爱－爱斯是卡拉斯山脉西南部的大峡谷，1961 年罗伊·利特伍德在这里收集到了这种植株。第 11 页，图 1；第 141 页，图 129

　　植株分头稀疏，只有 1~3 头。对叶呈椭圆形，株形非常紧凑，顶部呈截形，呈光滑到轻微的粗糙感，体色呈灰象牙色到奶油白或者到轻微的粉色，整个表面从不出现红色，有斑驳的或者大理石般的纹路，通常不透明，从来没有光泽，有闭窗或者无光泽的特性。在边缘处有着很好的深色的鸡爪般的纹路，有时没有这些纹路（这时基本上等同于"白熏玉型"，但是有着更暖的色调）。

第 141 页，图 130

朱弦玉变种　*L. karasmontana* subsp. *karasmontana* var. *lericheana* (Dinter & Schwantes) Cole，1925

这个名字是为了纪念一个叫彼得·勒里希（Peter le Riche）的农民，他指引丁特尔第一次到达这个变种的产地。

　　植株通常多头，对叶呈椭圆形，顶部呈截形，体色颜色丰富，有粉色、青铜色或者暗绿色的色调，有时甚至是很浅的绿色。窗面宽而暗，有着模糊的纤细的红纹，凸起浅色的岛屿使得窗面有轻微的粗糙感。

第 141 页，图 131

纹章玉变种　*L. karasmontana* subsp. *karasmontana* var. *tischeri* Cole，1973

名字来源于亚瑟·蒂舍尔（Arthur Tischer），他最初对于番杏科的兴趣包括了"生石花属"（后来被归入肉锥属），他最开始计划给这些种群另外一个名字，即 *L. "fossulifera"*。蒂舍尔博士生于 1895 年，现在还是令人羡慕地健康、思维敏捷。分类学工作不都是坏事[1]。

　　植株通常双头。对叶呈椭圆形，常常呈强烈的肾形，植株强健，顶部呈截形甚或有凹陷，窗面总是有槽和突起，常常有浓郁的红色，像熔融的状态，并延伸至侧面，有血红的线纹，常常也有绿色或者红色的点纹，窗面较暗，有轻微的蓝色光泽。花朵很大。

---

[1]　是指分类学工作使他保持了长寿。——译注

第 141 页，图 132~133

琥珀玉亚种　*L. karasmontana* subsp. *bella* (N. E.Br.) Cole，1922

名字来源于它的美貌[2]。拉丁语中的 *bellus* 是 *bella* 的词源。

　　植株常常簇拥成群，有时仍然只有双头。对叶呈椭圆形，质地较软，顶部有凸面，纹路由宽阔绿色的窗面化沟渠和浅赭色到浅黄色到橘黄色的沟渠相互穿插形成。整个表面通常是光滑的，除非植株处于缺水状态。红纹很模糊，但是看起来像是深深地"嵌入"进去的。

---

[2]　名字中 bella 有美丽的意思。——译注

名字来源于弗里德里希·艾伯兰兹（Friedrich Eberlanz），他是室内装饰师和园艺家。他收集了当地，即吕德里塔（Lüderita）附近的许多有趣的植株，于1966年以87岁的高龄在吕德里塔去世。

第142页，图134

　　植物形成中等程度的簇丛。对叶呈椭圆形，质地较软，顶部凸起到平坦，体色呈奶油白到蓝白色、米黄色、灰褐色，或者粉色，纹理精细微妙，呈现红色或者黑色，窗面呈条状或者狭缝状，但是有时候窗面很大，就像是在和琥珀玉亚种一争高下。

分　布

　　仅分布于纳米比亚并有着复杂的分布类型。花纹玉变种本身的分布很清晰，分布局限于卡拉斯伯格-爱-爱斯（Karasberg-Ai-Ais）的大部分地区，植根于石英岩、伟晶岩或者片麻岩上，同时存在的还有被推测是花纹玉变种的衍生种——爱爱玉变种，它占据了最西南的一小块生态位，植根于片麻岩和白色的石英岩上。（我们可以将花纹玉变种的分布带看成位于东南部的寿丽玉亚种的栖息地的延伸段，据我们现在所知上述两个变种的分布没有重叠。可以对照"白熏玉型"和寿丽玉"浅色型"！）朱弦玉变种分布在花纹玉变种的东北部，即卡拉斯伯格的北部。可能是朱弦玉变种分支的纹章玉变种，分布在这块领地的西南角，即格鲁瑙（Grünau）的北部，植根于"棕色、白色和有红色浸渍的石英石上"（Cole 1988）。琥珀玉亚种和福寿玉亚种的分布则呈现相互交叉的古怪的模式。在最南部的独立地带，琥珀玉亚种分布在威特普（Witputs）附近（剩下的都是福寿玉亚种的领地），并延伸至奥斯（Aus）北部的一个点，这里它和其他喜欢植根于片麻岩的植物生长在一起。一些福寿玉亚种和典型的琥珀玉亚种很难区分，我曾经看到在一个地区〔斯佩格比特的库卡斯（Kuckaus）附近，或许对于丁特尔来说是一个非常熟悉的地方〕，两个变种在一个石英石的山脊上碰到一起或者交叉存在（或者这两个变种仅仅是在"调情"？[1]）。在斯佩格比特的另外一个位置，即斯沃特洛夫（Swartkloof）西部的分布带上，我也发现了这两个变种的广泛存在，在这里，琥珀玉亚种和福寿玉亚种可以从簇拥着 L. *"erniana* var. *witputzensis"*（过去德波尔给福寿玉亚种中一种分布较广的浅色型的名字）中挑选出来。然而在一些其他地方，尤其在斯佩格比特西北部，福寿玉亚种并不难辨认。福寿玉亚种也许更喜欢石英石，而琥珀玉亚种更喜欢片麻岩。现在我们认为岩石类型对植株的影响比我们想象中的要大，与其说岩石类型影响了植株的颜色，还不如说岩石类型影响了它们表达特性的能力。

1　指仅仅生长在一起，但是没有真正的杂交。——译注

注意

　　花纹玉毫无疑问的是最适合园艺化的白花种类之一。它很容易养殖，虽然蜕皮很慢，但它有很多吸引人的变体可以收集，我们根本不用害怕会重复（甚至连害怕的可能性也没有）。花纹玉变种在一年中不断变化它的颜色和纹路，在浅色的面部变得愈加白时，多变的红色纹路会趋向于连接在一起。"白熏玉型"、爱爱玉变种和寿丽玉亚种的"浅色型"有令人难以分辨的相似度，无论是颜色还是它们空白窗面的光泽，这三个分类都非常相似。然而，爱爱玉变种几乎总是有"鸡爪"样纹路，寿丽玉则有唇印（鸡没有嘴唇），典型的"白熏玉型"有一种蓝色的冷色调，而它的其他亲缘植株则不会出现那么冷的色调。当然这些都是很小的区别。"信号山型"（"Signalberg"，Cole 65，图 26；Cole 328）趋向于有一个轻微锈色或者浅黄色的顶部，但是最容易辨认的还是它们那"头重脚轻"的质感。

　　纹章玉变种的一些暗色的植株会和朱弦玉变种混淆，但是朱弦玉变种的颜色通常更浅，在一些植株中甚至显示出很弱的绿色。纹章玉变种最红的个体和"威廉玉"（L. *schwantesii* "gulielmi"）很像，在没有开花的时候，可以通过它那轻微凹陷的棱角分辨出来。凑巧的是，在尼尔的书中关于 L. *gulielmi* 的图片——克雷默

（Kraemer）的水彩画以及一些黑白照片，都明显表明是同一种浅灰色的植株[1]——但是事实上这和 *L. gulielmi* L. Bolus 没有任何关系[2]。我为这个问题困惑了很久，直到最近才发现尼尔引用的波卢斯（Bolus）的数据包括了两个地区：佛罗里达农场（即波卢斯记录的）和爱－爱斯！后者的记录比利特伍德 1961 年发现的至少要早了 15 年，而后者肯定是尼尔书中图片的来源。另外一些茧形玉的植株和琥珀玉亚种很容易混淆（波卢斯和费恩过去的引用由此而来），但是茧形玉总是缺少红纹和赭色。

1　同一种浅灰色的植株指爱－爱斯产出的纹章玉变种，而不是 *L. gulielmi*（即"威廉玉"）。*L. gulielmi* 之前的命名是单独的种名，后来划分到招福玉里。——译注
2　意思是尼尔的书中的水彩画和黑白照片都将爱－爱斯产出的纹章玉变种当成了 *L. gulielmi*。——译注

园艺种

福寿玉亚种另外有一种让人产生味觉联想[3]的园艺种：'牛油果奶油'（'Avocado Cream'，图 135，第 142 页）。不幸的是，大多数播种苗只有氧化了的鳄梨酱的模糊的颜色，只有很少数才有我们想要的清澈的绿色。"白熏玉"最为乳白色的类型和"砖红玉"最红的类型（即'红砖'花纹玉，图 246、图 247）通过长期的纯化也已经到了园艺种的状态。我还在努力培育有紫色顶部的"砖红玉"——我知道这是可能的，因为哈里·约翰逊（Harry Johnson）著名的加利福尼亚园艺家在他的繁殖棚中已经有一株这样的植株了。我是在 1977 年看到这个植株的，它可能是从特里布纳遗留的收藏品中繁殖出来的，虽然约翰逊同时也在使用德波尔遗留下来的植株。〔在商业上，"砖红玉"经常被标识成"朱唇玉"，德波尔也使用"朱唇玉变种"来指花纹玉变种中的那些纯红顶的园艺种。但是丁特尔认为这两个名字代表了两个不同的类型（这种观点是通过施万特斯代为表达的），"砖红玉"和"朱唇玉"

3　Avocado Cream 中 Cream 有奶油的意思。——译注

的区别如下："砖红玉"，"顶部平坦，砖红色到亮橘色，有 8~10 个隆起。纹理几乎不能辨认，圆锥形，尖部（如侧面顶部）是橡皮灰色的"（*Flowing Stone*: 231）。"朱唇玉"，"颜色和花纹玉类似（棕蓝色，灰蓝色）……有很多带有分支，及轻微凹陷的沟渠"。这些类型在自然界中是共同存在的，因此它们的名字区别意义很小。]

　　在所有我从瑙琳·科尔手上得到的爱爱玉变种的种子中，我曾经繁殖出一株有着奇怪的亮橘色顶部的迷人的植株。它有着爱爱玉变种典型的硬度和形状，所以我觉得不会搞错。我当然用这个美丽的植株来繁殖了，可是得到的后代中最好的也就是蜂蜜棕色。

图 124. 花纹玉变种，出自格鲁瑙

图 125. 花纹玉变种，汉斯·赫勒选育

图 126. 花纹玉变种"砖红玉型"，来自哈里·约翰逊选育

图 127. 花纹玉变种"美熏玉型"

图 128. 花纹玉变种 "白熏玉型"

图 129. 爱爱玉变种，出自爱－爱斯附近

图 130. 朱弦玉变种，P. V. 布鲁因选育

图 131. 纹章玉变种，Cole 182

图 132. 琥珀玉亚种，Cole 143a

图 133. 琥珀玉亚种，Cole 108

图 134. 福寿玉亚种，出自吕德里塔以南 35 公里　　图 135. '牛油果奶油' 花纹玉

紫勋玉系

紫勋玉变种 | 宝留玉变种 | 摩利玉变种 | 小型紫勋玉变种 | 紫褐紫勋玉变种 | 弁天玉变种 | 宝奇玉亚种

紫勋玉变种　*L. lesliei* (N. E. Br.) N. E.Br. subsp. *lesliei* var. *lesliei*，1912

名字来源于 T. N. 莱斯利（T. N. Leslie），他是一个忠实的番杏爱好者；在《番杏》（*Mesembryanthema*，1931）一书中可以看到他拍的照片。

第 47 页，图 35；第 147 页，图 136~139；第 199 页，图 228

植株双头到多头，对叶大型，俯视呈圆形，侧视呈截形到轻微的凸起，侧面总是棕色的，顶部光滑，体色呈咖啡棕色到草绿色、灰绿色、粉灰色或者锈红色，总是有窗面，但是纹路高度可变，有时是一些星状的"大型岛屿"〔如强健的"彼德斯堡地方型"（"Pietersburg"）〕，并通常伴有数量众多的精细斑点，这些斑点通常聚集或离散，或者排列得像金银透雕丝工的工艺品，罕见呈线纹或者全窗。面部边缘变化多端，有时很宽，并像水坝一样轻微升起，但是常常带有纹路，这些纹路向侧面延伸直至消失。花朵大，亮黄色，罕见有白色，花期在仲秋；种荚有 5~6 个腔隙，种子非常大，红色。

名字来源于赫基·A. 霍姆（Herkie A. Horn），一个天生的口述者和收集者。｜第 147 页，图 140

　　它的区别点在于黄棕色到粉棕色的体色，有粗糙和不规则的纹路，且相对不那么透明，它几乎就是棕色的弁天玉变种！它很少分头。

名字来源于玛丽亚·惠萨门（Maria Huysamen），她是第一个注意到这｜第 147 页，图 141
个变种的独特特征的人。

　　和紫勋玉变种相似，与之的区别是有着异常密集精细的点纹，这种点纹接近于一台高分辨电脑屏幕的像素分辨率了。它有着均一的太妃糖棕色的体色并容易形成簇丛。

名字来源于它的小体形。｜第 148 页，图 142

　　它的辨识点在于它那狭窄的卵状轮廓，暗红绿色到中国红的体色，相对有一些微弱的光泽；主要区别在于它经常表现出的小体形。它的花相对较小，但是种子却很大！一些发育不全的植株从来不会多于双头，其他健康的植株则形成美丽的多头的圆顶簇丛。

名字来源于红棕色的拉丁文。｜第 148 页，图 143

　　它的辨识点在于它的紫红色、酒红色的体色和微弱的光泽。一些染色彻底的种是极红的，其他的则是浅灰红色的，看起来就没有那么独特了。虽然 Cole 204 和 Cole 17（模式种）的栖息地很接近，但是前者有着更加漂亮的颜色。这两个种群都和小型紫勋变种很相似。

1　拉丁名中的 *rubrobrunnea* 有红棕色的意思。——译注

名字来源于亨德里克·文特少校（Major Hendrik Venter），他同时还收集瓦苇属（*Haworthias*）植物，并养育了一个植物学家。 | 第148页，图144~145

它的辨识点在于它的默声电影般的颜色：黑色、灰色和白色。它还经常有锯齿状的纹路。在很多例子里，它的窗面是黑色的并且很大；这个变种最初被德波尔命名为摩瑞玉变种（*L. lesliei* var. *maraisii*），但是摩瑞玉这个名字现在已经被归入到弁天玉变种的下级分类了。弁天玉变种不会显示出典型的紫勋玉变种中的带绿色底色的棕色或者红色，但是它们都趋向于有一种"粉状的"或者"粗糙的灰尘"般的视觉效果。

宝奇玉亚种　*L. lesliei* subsp. *burchellii* Cole，1988

名字来源于威廉·布西尔（William Burchell），一个杰出的19世纪的博物学家，他第一次记录了这些容易和鹅卵石混淆的植物。 | 第148页，图146

辨识点在于它小巧的体形，稀疏的头数，很好的线纹和网纹，梅花状的边缘和蓝灰色类似于混凝土的体色。它和弁天玉一样趋向于有暗色斑块的中心窗面；直到1988年，科尔还将它归为弁天玉变种"道格拉斯型"（var. *venteri* "Douglas form"），虽然它长得比所有的弁天玉变种要慢得多。它的花也常常是相当娇小的。

分布

无论是在自然界还是园艺界，紫勋玉都是生石花属中分布最广的。紫勋玉变种的分布带形成了一个浮肿的菱形，在东北角是察嫩（Tzaneen），西北角是博茨瓦纳的洛巴策（Lobatse，Botswana），西南角是金伯利，东南角是哈里史密斯（Harrismith）；不过这个菱形被扎斯特龙（Zastron）附近的一个离群或者其他区域的100个离群轻微地破坏了。它们的栖息地甚至能在大比勒陀利亚（greater Pretoria）找到，虽然快速的城市化使这里的一些曾经美丽的栖息地消失了。在这个大菱形中，小型紫勋玉变种和紫褐紫勋玉变种各自占据了约翰内斯堡

（Johannesburg）西部和西北部的一小块区域，即斯瓦特勒亨斯（Swartruggens）和兰德方丹（Randfontein）附近。摩利玉变种则分布在更西南的位置，即博斯霍夫（Boshof）附近。再往西南，可以发现宝留玉变种向着日轮玉的势力范围寸进。在宝留玉变种栖息地的北部散落着弁天玉种群，它们和紫勋玉变种有着明显的关联［即科尔所谓的紫勋玉变种"金伯利型"（"Kimberley form"）］。宝奇玉亚种在道格拉斯（Douglas）附近独立地占据了一小块区域，而与之最近的弁天玉变种种群分布在其西南数百公里远。就像在生石花属中经常出现的情况一样，我们发现在紫勋玉各个分类的栖息地边缘处的植株有着巨大的不同。虽然紫勋玉普遍植根于棕色的沙石中，但是一些变种却很特别：宝留玉变种喜欢植根于硅质岩与白云岩中；摩利玉变种则喜欢植根于小颗粒的沙石页岩中；紫褐紫勋玉变种喜欢植根于醒目的大黄[1]红的粉沙岩上，这个变种在科尔的照片中很漂亮；弁天玉变种和宝奇玉亚种喜欢植根于钙质结砾岩，因此它们的体色和钙质结砾岩的颜色相似并不让人惊讶。

1　大黄，一种中药名字。——译注

注意

　　紫勋玉对于新手而言是一个完美的种，因为它来自夏季雨量充沛的地区，所以它们在养殖过程中允许，甚至可以说喜欢过量的水分。这是科尔养殖的第一个生石花种——我也是，它仍然是批发市场中价廉物美的种，因为长期以来市面上已经存有大量的种子了。许多没有正式名字的种群，如 Cole 10、Cole 33 和 Cole 138，和有名字的变体一样，是独特的、吸引人的和可辨识的。肉桂色的"瓦伦顿型"（"Warrenton form"，Cole 5、Cole 36 和 Cole 96）是强健的，有斑点的；"灰色型"（"Grey form"，Cole 8、Cole 9 和 Cole 151）有着很好的灰色体色；"金伯利型"看起来很像紫勋玉变种和弁天玉变种的综合体，也很像德波尔的紫勋玉变种和弁天玉变种人工杂交体。之前称为"青紫勋"（"*Luteoviridis*"，Cole 20；第 147 页，图 138~139）的变种并不呈现名字中所提示的黄绿色，它更是一种生动的隐约的绿色，并有着特别的黄油般的光滑度。彼得·博世（Peter Bosch）的"沃克维尔型"（"Walkerville form"，非科尔命名）是极小型的，但是不像黑红色的小型紫勋玉变种，它有着浅肉桂色的体色，精细的与摩利玉变种类似的点纹。

园艺种

园艺种'白化'紫勋玉（*L. leslier* var. *lesliei* 'Albinica'）失去了它那棕色的体色，呈现出亮黄绿色。它的花朵也一样失去原有的颜色，呈现出纯白色。'斯托姆斯金块'园艺种（'Storm's Albinigold'）基本上是同一回事，但是它有金色的（或者甚至说是过饱和的杏黄色）花朵。'白花小型'紫勋玉园艺种（'Witblom'）是白花的小型紫勋玉变种，'白花'紫勋玉园艺种（'Albiflora'）是白花的紫勋玉变种（这个突变在不相连的种群中都广泛存在）。'绿宝留'园艺种（'Greenhorn'）是白化的宝留玉变种，它销声匿迹很多年了，最近在一盆弗瑞克·杜洛伊的播种苗中重新出现。'红发弗雷德'园艺种（'Fred's Redhead'，第 148 页，图 147）是一个有着迷人的霓虹灯红的变种，它是从瓦伦顿地区正常的紫勋玉变种中选拔而来。自花繁殖给这个品种新添了一些伴侣。它很像完美的紫褐紫勋玉园艺种，但是它确实起源于一个正常棕色植株的红色分头。'一箭之遥'园艺种（'Stonesthrow'），是'白花'紫勋玉和春桃玉属的绫耀玉（*Dinteranthus vanzylii*）的杂交种。它异常强健，并且可育。它的后代在单宁点上很像典型的绫耀玉。一些后代开着它们"祖母"（'白花'紫勋玉园艺种）的白花。我曾经用这些白花后代进行回交，得到了真正开白花的绫耀玉！

图 136. 紫勋玉变种，Cole 352

图 137. 紫勋玉变种，出自沃克维尔

图 138. 紫勋玉变种"青紫勋"，Cole 20

图 139. 紫勋玉变种"青紫勋"，Cole 20

图 140. 宝留玉变种，Cole 15（TL）

图 141. 摩利玉变种，Cole 141

图 142. 小型紫勋玉变种

图 143. 紫褐紫勋玉变种

图 144. 弁天玉变种，Cole 1

图 145. 弁天玉变种，金伯利，J. 布兰特选育

图 146. 宝奇玉亚种，Cole 308

图 147. '红发弗雷德' 紫勋玉

碧琉璃玉系

碧琉璃玉　　*L. localis* (N. E.Br.) Schwantes，1920

在布朗命名的很多名字中，这个是比较含糊的（他从来没有解释为什么起这个名字，可能是因为这个种的局限性而得名[1]）。但是我们对此种知之甚少，因为布朗是基于这个种的一株古老的植物来进行描述的。

第 74 页，图 48；第 151 页，图 148~149

　　植株双头到多头簇拥。对叶常常小而紧凑，有时候大而臃肿［"艾伯特亲王型"（"Prince Albert form"），Cole 134］，俯视呈卵形，侧视有凸面，或者罕见呈截形，侧面呈简单的灰色或者棕色，面部光滑，体色呈灰棕色到紫绿色、蓝灰绿色，或者带有橘色色调的浅青铜色（Cole 134），有模糊或者强烈的窗面，窗面由数量众多的小斑点或者油脂般的大斑点组成，边缘常常模糊。花期在早秋，开清澈的黄花，罕见有白花。

1　关于 *L. localis* 的来源详见科尔 1998 年的《生石花：开花的石头》。——译注

分布

　　这是一个广泛分布的种，它的分布属于生石花属中的最东南端。一个有趣和奇怪的现象是，它和生石花属中的其他种几乎没有关联。（可能这就是名字中局限化的意义！）已知的分布点从西南的莱恩斯堡（Laingsburg）延伸至东南的斯特泰维尔［Steytlerville，或许格拉罕镇（Grahamstown）附近的延伸地带也有分布，但是不确定］；分布带北边的边界是西博福特（Beaufort West）和格拉夫 - 里内特（Graaff-Reinet）。这些植株常常植根于页岩、沙石或者沙石与石英石的混合介质中。它可能和太古玉有关联（它们的分布仅隔 50 公里），但是碧琉璃玉面部布满了独特的点纹。

　　这个种更广为人知的名字是 *L. terricolor* (1922)，科尔在 1988 年勉强接受了这个名字。这个名字重新归为过去的名字即 *L. localis*，是基于邱园提供的种子。[1] 碧琉璃玉的特征是普遍和简单的，它缺乏某种演化的特质——如侧面复杂的纹路——但是它们和其他生石花有着同样的躲藏艺术，即类似于鸵鸟的躲藏方式。波卢斯和德波尔将各个地区种划分为种或者变种；其中对于紫色的变种使用了 "var. *peersii* (L. Bolus) de Boer & Boom" 的名字，虽然还没有证据表明存在着波卢斯发现的紫色变种（他仅仅提到灰棕色）。如果给肥过多，非常强健的 "艾伯特亲王" 会变成一个不可爱的小土豆。它天然存在的共生种碧姬莲属的 *Bijlia dilatata* (nee cana)，同样容易徒长。

1　保存于邱园唯一一个 *L. localis* 标本带有 3 个种荚。科尔获得其中的部分种子，播种后发现它们与西博福特的种群（C133）类似，而在西博福特地区只有这个种群和标本中的植株类似。因此名字又重新回到了 *L. localis*。详见科尔的《生石花：开花的石头》。——译注

园艺种

　　有两个正式的非红色园艺品种：白花灰体的 '银刺'（'Sliver spus'）和黄绿色有粗糙纹理、开黄花的 '斑点黄金'（'Speckled Gold'，第 151 页，图 150 ）。类似于这种斑点的还有一种变型，它和 '斑点黄金' 园艺种是不同的：它有着更浅色的白绿色，布满斑点，开黄花。这个变型的植株来源于斯普林博克拉特附近的许多绿色的标本株产出的种子。另外，我在莱恩斯堡附近收集了一些种子，经过萌发，养大，稳定后得到了 '紫罗兰' 园艺品种（'Viloletta'）（第 151 页，图 151 ）。两个植株（25 个萌发的种子中的两个）有着强烈的饱和的红—紫罗兰色的体色，它们的后代颜色更加丰富。值得注意的是，在园艺化过程中，色饱和总是我们追求的目标，它的存在可以使我们节约很多选育的时间。后代中最好和最深的颜色有着半透明的熔融蜡质感。

图 148. 碧琉璃玉，Cole 345

图 149. 碧琉璃玉，Cole 376

图 150.'斑点黄金'碧琉璃玉，Cole 345A

图 151.'紫罗兰'碧琉璃玉，选育自 S. Hammer 119

茧形玉系

茧形玉变种 | 爱纱玉变种

茧形玉变种 *L. marmorata* (N. E. Br.) N. E. Br. var. *marmorata*，1920

名字来源于它的 "大理石" 般的顶部[1]。

第 21 页，图 18；第 24~25 页，图 20~21；第 154~155 页，图 152~154；第 210 页，图 250

　　植株形成小型或者大型的簇丛。对叶俯视呈卵形，轻微的或者有一些张开，

1　名字中的 marmorata 有大理石（marble）的意思。——译注

侧视顶部有凸面，基本上是光滑的，除非是极度缺水，但是有时会有轻微的粗糙感；体色呈灰绿色到白绿色到烟粉色或者浅橘棕色；纹理高度可变，总是大理石般的或者斑驳的，常常是"棍状"纹路；总是有窗面，不出现红纹；开冰白色的花，花期在晚秋；种荚有 6 个腔隙。

| 爱纱玉变种 | *L. marmorata* var. *elisae* (de Boer) Cole，1961 |

名字来源于 J. J. 伊丽莎·范·登·托恩（J. J. Elisa van den Toorn），一 | 第 155 页，图 155
个德国多肉植物学家。

　　体形比茧形玉变种大，有时形成大的簇丛，对叶常常分开较宽和有轻微的扭转，宽阔的奶油白的带状纹路使窗面变得模糊。这些带状纹路罕见交会，纹路错综复杂，不透明，有时会再细分。

分 布

　　这个种有很多地方种。一些地方种很难与茧形玉变种或爱纱玉变种区分开来。"圣典玉型"（"*framesii*"，第 154 页，图 153），分布于布什曼兰德的西部边缘［康科迪亚到康纳斯（Kangnas）］，在它那个性化的窗面上有着粉色到紫罗兰灰色的色彩，它代表了这个种的最东边的分布。"笛娜玉型"（"*diutina*"），分布更西［和施泰因科普夫（Steinkopf）靠得很近］，外形趋向于更绿、更小型、更窄的椭圆形。再往西边是"乌姆达斯型"（"*umdausensis*"，第 155 页，图 154），常常有棕色到象牙色的色调。但是在乌姆达斯（Umdaus，施泰因科普夫西北的山谷），我曾见到"乌姆达斯型"正好生长在典型的"笛娜玉型"附近的伟晶岩上。岩石类型会影响分布，茧形玉变种喜欢植根于白色或者锈金色的石英石上，爱纱玉变种则喜欢植根于钙质结砾岩粗粒和片麻岩质的卵石上。

茧形玉（*Mesembryanthemum marmoratum* N. E. Br.）和碧琉璃玉（*M. locale*）[1] 之前以日中花属的身份同时发表在同一页上，但是茧形玉不像碧琉璃玉，它从来没有辨认困难，因为茧形玉总是存在活着的植株。然而，可以断言的是，茧形玉中的"圣典玉型"是多余的，因为这两个本来就是同一个东西，对它们的描述都来自于同一个密集分布区中的植株，即布朗（Brown）手上的原始植株来源。"茧形玉分布在斯普林博克和施泰因科普夫附近，并在更远的东部也有大量发现。肯尼迪 [2] 告诉我们在露营点营火木材的周边有茧形玉适宜的栖息地，于是我们找到了一个平坦的地点，生起火，但是无论我们怎么寻找，原以为遍地都是的茧形玉似乎都消失了。"（*Hall to Hammer*, 1981）

就像上面所说的，茧形玉变种和爱纱玉变种会造成混淆。在贾克尔斯瓦特（Jakkalswater）附近有很多介于两者之间的植株，但是最近有人告诉我一个纯爱纱玉变种的栖息地：这里有大量的、一致的、美丽的、不透明的植株，它们看起来和我在其他地方见到过的任何类型都很不相同。这可能仅仅是因为这个分布点有较深的土壤，也可能是这些植株都是从一个母本产出的，但是，它们还是那么令人印象深刻。茧形玉变种和双眸玉，也很有可能会混淆，尤其是当两者都显示出粉色的色调的时候。但是双眸玉体形更趋向于娇小，并且常常带有更偏奶油状的纹理；照片上的瑙琳玉也常常会引起混淆，它和一些分布在东边的茧形玉在颜色和纹路上都很相似。

在园艺化过程中，茧形玉变种是容易养殖和长寿的，见图152，这是布朗的原始植株的一个分头！一些更加呈现粉色的品种有着强烈的吸引力。爱纱玉变种

1　文中两个日中花属都是茧形玉和碧琉璃玉之前的分类，现在已经划入生石花属。——译注
2　Smorgenskadu Kennedy，一个生石花农场的主人。——译注

养殖稍微困难一点，它很容易养活，但是如果要保持它的颜色和紧凑的体型则需要大量的光照，否则，老叶会堆叠得像中国的地址名录。

园艺种

'苍青绿宝石'园艺种（'Polepsky Smaragd'；第155页，图156）在捷克斯洛伐克出现，而在捷克共和国长成成株。[1] "Smaragd"（捷克语中是祖母绿的意思）这个名字是精挑细选出来的；这种植物有着真正的绿色，而更深的绿色常常在一些施泰因科普夫的种群中出现。我还选育了一些特别粉的播种苗，这是从我的特里布纳的原始植株中选拔出来的。我还在努力培育一种完全不透明的另类的爱纱玉变种，这是另外一种淘汰选拔，但是不像"布拉格抛窗事件"[2]那样暴力。它像是菊水玉和留蝶玉的综合体。

---

1 捷克斯洛伐克成立于1918年，在1992年解体，并于1993年1月1日起成为捷克和斯洛伐克两个独立的国家。

2 布拉格抛窗事件：发生于布拉格的历史事件，为波希米亚人对罗马教廷及神圣罗马帝国的反抗，共有两次，分别发生于1419年和1618年。第一次事件引发了胡斯战争，第二次事件导致了三十年战争。——译注

图152. 茧形玉变种，克隆种

图153. 茧形玉变种"圣典玉型"，Hammer & Liede 572

图 154. 茧形玉变种 "乌姆达斯型"，Hammer & Retief 462B

图 155. 爱纱玉变种，Cole 252

图 156. '苍青绿宝石' 茧形玉，Cole 308

菊水玉系

菊水玉　　*L. meyeri* L. Bolus，1932

名字来源于尊敬的戈特利布·迈耶（Gottlieb Meyer）牧师，他经常在康玛盖斯（Komaggas）和施泰因科普夫布道之余探索荒寂的纳马夸兰小道。　第 160 页，图 157~158

　　植株缓慢地形成多头簇丛。对叶有弹性，俯视呈卵形，中间有深深的开裂，对叶可观地张开；侧视顶部有凸面，光滑，体色呈奶油白绿色，有时泛着昏暗的粉色；纹理变化多端，但是常常有朦胧的条纹状的窗面，窗面上分布着模糊的蓝色的或者绿色的点纹，这些点纹轻微地隆起；花期在仲秋，花朵大，深黄色，中心有牛轧糖一样的白色；种荚有 5 个腔隙。

分布

这是在理查德斯维德地区分布的少数的生石花之一；奇怪的是，在这个地区，生石花属并不是代表性植物，虽然菊水玉在布拉克方丹附近的碎石英石组成的平原上很常见。菊水玉的分布占据了南北相距大概 25 公里的狭窄长条区域，区域内的变化不大。注意，与菊水玉靠得最近的其他种是蛇纹玉和双眸玉，它们分别分布在菊水玉栖息地西北方向大约 30 公里处和东北处。这两个种都是黄花、白心的。

注意

这个外貌一致的种容易养殖，但是它不总是匀称的，因为蜕皮过程中它的老叶很难被吸收。这种情况在爱纱玉变种中也是一样。商业化的一些菊水玉是可以和蛇纹玉杂交的。这种杂交后的品种很难进行追溯，特别是当这些杂交种之间又进行相互授粉杂交的时候。

园艺种

'哈默红宝石'园艺种（'Hammeruby'，第 161 页，图 159）这个名字就像是作者和已经身故的《汉谟拉比法典》作者串通好的一样。[1] 它有着美丽的奶胭脂红色的体色，有时候像木莓冰激凌。它的花接近橘色，柱头像藏红花色的线！它来源于弗拉克明（Vlakmyn）附近收集到的一种红色突变体的自交授粉个体。自交授粉产生了少量的红色血统的植株和两种灰色的植株。将红色血统的植株和灰色的植株进行授粉，进一步得到了一种在颜色上表现优异，但在强健上表现较差的植株。其中一些比最广为人知的大内玉的园艺种'红大内'有更好的颜色。

---

1 《汉谟拉比法典》英文名是 *The Code of Hammurabi*。文中的 Hammeruby 的名字和 Hammurabi 读音很像，所以说这个名字就好像和汉谟拉比串通好的一样。——译注

瑙琳玉系

瑙琳玉

瑙琳玉　*L. naureeniae* Cole，1980

名字来源于瑙琳·科尔，德斯蒙德·科尔的妻子，生石花学者，她繁 | 第 161 页，图 160
殖了一百万株生石花，敏锐地观察了数千种。

　　植株形成小型或者大型的多头簇丛。对叶俯视呈卵形，有轻微到较大的张开，裂缝深；侧视顶部呈凸面，光滑，暗棕绿色到浅黄棕色，常常带有粗糙和醒目的星形纹理；总是有窗面，边缘泾渭分明，这不是因为纹理而使得边缘分明，而是因为一种特别的半透明度；花色金黄色，中心白色，有光泽，花期在晚秋——通常和橄榄玉花期差不多，属于黄花中最晚开花的；种荚有 5~6 个腔隙。

分布

　　这个种的地理分布仅仅局限于卡米斯堡（Kamiesberg）东部边缘，而且外貌相对统一。它植根于低脊的棕色和粉色的片麻岩上，与许多其他种共生，其中两种离群的种是肉锥属的流苏玉（*Conophytum lithopsoides*）中的一种奇怪的白花种和 *C. Stevenns-jonesianum*[1]。有一点让我好奇的是，典型的流苏玉在别处是和茧形玉共生的。

1　一种肉锥属植物，暂无中文名。——译注

注意

　　在瑙琳玉被彼得·布鲁因发现后的二十年来，只有另外少数几个种群被偶然发现。它们最初被怀疑是茧形玉的南方变种，但是它有分开度更大的对叶及棕色的色调，另外更加宽阔的黄色花瓣使得它和茧形玉分别开来。它和橄榄玉有着更加密切的关联，但是橄榄玉株型更加紧凑。同样，它和青磁玉也有密切的关联，但是青磁玉从来不显示橘色和棕色。瑙琳玉在给予大量光照后会呈现最好的色彩，

种的介绍　》　瑙琳玉系　　　　157

但是在阳光不充足的时候也能生长良好。在这种钝化的环境下，它几乎不需要水，它似乎喜欢这种停滞的节奏（如果不开花也算的话）。有一些植株从来不会显示出棕色色彩，这就特别容易和其他种混淆。

橄榄玉系

橄榄玉变种 | 棕橄榄玉变种

橄榄玉变种　*L. olivacea* L. Bolus var. *olivacea*，1929

名字来源于它那橄榄绿的表皮颜色。

| 第 161 页，图 161

　　植株形成一个紧凑的簇丛，小型或者大型都有。对叶较小，叶子相互接触，但是裂缝很深；轮廓为圆形，侧视呈凸面或者截形，质地紧致，顶部光滑但是常常有轻微的龙骨；体色呈橄榄绿到蓝绿色或者灰粉色，总是有很好的窗面，窗面像指甲，常常有（非常）稀疏的点纹，罕见有条纹或者完全无纹；花期在很晚的秋末，开黄花，花中心白色，花期很长；种荚有 5 个腔隙。

棕橄榄玉变种　*L. olivacea* var. *nebrownii* Cole，1988

名字来源于布朗 [N(icholas) E (dward) Brown]，生石花（Lithops）这个名词的创造者；他最先将番杏科划分为多个属，这是一个现代化的概念。*nebrownii* 这个种加词最开始是由亚瑟·蒂舍尔启用的，他在发表 *Gibbaeum nebrownii* 时使用了这个名字来代替布朗过去使用的 *Imitaria muirii*。

第 161 页，图 162

　　这个变种的不同点是，它有着更加强健的植株，对叶分开更大，体色显示出更多的某种程度的红色。

分布

　　橄榄玉的自然栖息地仍然是个谜团：最近几年没有在它的典型的分布点，即卡卡马斯（Kakamas）区域附近发现过。尽管原始记录是明显可靠的，但是 W. 吉斯（W. Giess）曾报道过在基蒙斯（Keimones）附近，甚至更东的区域都有分布。其他现在收集的植株来源于波法德尔、纳米斯和阿赫内斯附近，以及卡卡马斯以西的100~200公里处。[这里我要提一下，有一些原始文献提到的关于卡卡马斯栖息地的记录都没有被确认，尤其是肉锥属的青团（*Conophytum fulleri*），它仅在离卡卡马斯更西的区域有分布，有可能是因为原始文献中提到的位置已经被夷为平地而改建葡萄园了。]在纳米斯附近，橄榄玉变种常常植根于白色或者棕色的石英石上，这些石英石在平原（石英石散落的高原）或者山脊上，隐匿于半阴处。在阿赫内斯附近，棕橄榄玉变种（Cole 162B）植根于带有红色斑点的石英石上。有一个很有趣的现象是这个变种正好处于橄榄玉系分布的最西南端，接近瑙琳玉的栖息地。同样，它离青磁玉的栖息地也很近，就在这个变种分布带的西北端。这个橄榄玉变种离瑙琳玉和青磁玉的距离几乎一样，只是方向不同，一个是靠西南，一个是靠西北。

注意

橄榄玉对于新手而言也是一个不错的选择。对老手来说，可以对橄榄玉进行播种选拔，选拔方向是全窗（即缺少所有的点纹）或者对叶分别显示彻底不同的纹理。经过一段时间后——10年或者更长——橄榄玉会形成美丽的、紧凑的、圆顶的簇丛结构。对于经常出现的误拼 *olivaceae*，明显是来源于一个虚构的女性名字 Olivace，这种情况和十二卷中 Parks 的错误如出一辙。

园艺种

'红橄榄'园艺种（*L. olivacea* var. *nebrownii* 'Red oliver'；第 161 页，图 163）有着永久的樱桃红色。我的这个品种的播种苗长得很慢，但是值得等待，因为它们的颜色非常清澈。这个园艺种来源于布鲁斯·拜耳在阿赫内斯附近收集的一批种子。一些播种出来的苗有着深粉色，但是其中有一株异常出色。（我们不知道拜耳收集的种群和 Cole 162B 的栖息地相隔多远，所以对它们和橄榄玉变种的辨识是困难的。）橄榄玉变种中的"小型"（"Minor form"）早些年在科尔的书中就有介绍（ex Cole 109，最北部的种群），但是大部分并不呈现名字中提到的小型状态，我自己也做了不少努力，但都不是很成功。这很可惜，这让我想起了瑙琳·科尔在 1985 年捐献给克尔斯滕博斯植物园（Kirstenbosch Botanic Gardens）的一些表现一致的、迷人的小型簇丛。橄榄玉 × 茧形玉是我 10 年前尝试过一个橄榄玉和茧形玉的杂交品种（*L.olivacea* × *L. marmorata*），它们看起来像粗短版的茧形玉，并且是非常强健的小型植株。它们大多数开黄花，只有少数开白花（花瓣尖除外）。这些植物在园艺上没有什么价值，主要是提供了一些指导性意义，它们的外貌没有吸引力，但是它们生命力都顽强得可怕！

图 157. 菊水玉，出自布拉克方丹北部

图 158. 菊水玉，出自布拉克方丹北部

图 159. "哈默红宝石" 菊水玉

图 160. 瑙琳玉，Cole 304

图 161. 橄榄玉变种，出自阿哈布（Achab）

图 162. 棕橄榄玉变种，B. 拜耳选育

图 163. '红橄榄' 橄榄玉

大内玉系

大内玉　*L. optica* (Marloth) N. E. Br.，1910

名字来源于"眼睛似的"这个词的拉丁文。　　　　　　　　　| 第 166 页，图 164

　　植物形成双头至四头或者大量的簇丛，经常从侧腋快速地分头。对叶有小型到大型，在同一植株上的两片叶子常常都不对称，裂缝深；轮廓呈卵形，侧视有强烈的凸面，质地柔软、光滑，从来不会出现粗糙感和沟渠；体色呈浅白绿色到蓝绿色，或者灰粉色，罕见紫色；常常有良好的窗面，窗面通常清澈，有时会有较多的点纹或者条纹,尤其是南方种的"多纹型"（"Maculate form",图 164）；花小，花期在仲秋（南方种）或者晚到冬季（最北方种），开白花，有时会有泛粉的红色，花瓣短，常常是纤弱的、畸形的（园艺种）和接近透明的；种荚有 5~4 个腔隙，质地柔软。

分布

　　大内玉分布在纳米比亚接近大西洋海岸的多雾带，从吕德里茨（Lüderitz）略北部到奥兰治蒙德（Oranjemund）西北部 60 公里远的地方，总是在离海岸线 35 公里以内。它们不会跨越奥兰治河，除非我们将在亚历山大湾分布的蛇纹玉也认为是大内玉。它们主要植根于深色的片麻岩和石英岩上，还有一些植根于钙质结砾岩上，常常隐匿于棕色的沙石中。这里海风往往很强，植物会受到海风侵袭导致发育缓慢。白花的五十铃玉（*Fenestraria rhopalophylla* subsp. *rhopalophylla*）的分布与大内玉平行；蛇纹玉的分布与黄花的五十铃玉（*Fenestraria rhopalophylla* subsp. *aurantiaca*）平行，虽然后者的分布更南一些，达到了克莱因泽（Kleinzee）。

　　大内玉是生石花属中秋季需水量最大的种，也是最晚开花的种。确实，它表现得不像其他的生石花（除了它那有争议的"双胞胎"[1]）。它吸收老叶非常缓慢，也许定期给予喷雾比不定时地浸盆生长更好。然后它们对高湿度的闷热环境很敏感，很容易快速、完全地腐烂。栖息地在最南的大内玉，也就是所说的"多纹型"有着非常吸引人的不透明的白色斑块。值得注意的是，不同的种群严格地随着太阳位置的变化而表现出不同的习性。南方种和北方种的花期相隔2~3个月。最南的种群和蛇纹玉的花期相同。（我写的内容是基于我在北半球的种植经验。）大内玉植株基部的抽芽方式是生石花属中罕见的，这种现象在北方种中尤为明显。在园艺种植过程中，大内玉趋向于会长棕色的伤疤，这最初可能是由细菌所致。通常，这些伤痕不会出现在新头上，但是随着季节的转换，伤痕又会出现。但是这些细菌似乎不会从一个植株传染到另一个植株。

1　指大内玉和蛇纹玉很像，如同双胞胎一样。——译注

园艺种

　　'红大内'园艺种（*L. optica* 'Rubra'；第46页，图29和图32；第166页，图165~166）是最古老和最有名的园艺种。早在75年前的德国就用彩色照片发表了此品种！［值得注意的是类似的突变最近在拈花玉属（*Tanquana*）、对叶花属（*Pleiospilos*），尤其在肉锥属中被发现。］一个品相好的'红大内'有着红宝石般浓郁的红色，当我们把苗从盆中拔出的时候，会很惊讶它的基部一点儿也不红，是纯绿色的。但是这是一个很特别的园艺种，因为在自然状态下，它同样存在！我曾经在吕德里茨附近的公路上看到一小排10~20棵这样的植株挤在一起。我从来没有见过在这个镇附近有这个变种大量存在的图片（或影像）证据，我怀疑这些可能和20世纪50年代被引种回国的荷兰产的'红大内'园艺种有一定的关联，

也就是生命模仿技巧。在各种'红大内'园艺种中，我的第五代 Cole 81A 是颜色最深、最稳定的；Cole 287 颜色相对较浅，并且仍然会产生 10% 的灰色个体。我从上述吕德里茨附近的公路上收集的种子会产生大约 50% 的红色后代，但是颜色不是非常红。大多数'红大内'开花很晚；和'红大内'生长在一起的灰色本种也是一样。开黄花的'红大内'曾经被我以照片的方式发表。其实它是'红大内'×双眸玉，或者'红大内'× 蛇纹玉的后代。大内玉（普通的灰色种）× 蛇纹玉"唐蓝玉型"杂交播出了许多强壮的播种苗，没有弱苗产生。（见第 47 页，图 33，蛇纹玉 × 大内玉的播种苗。）这些都主要开黄花，但还是有一些开白花或者淡黄色花。

大津绘系

大津绘玉　　*L. otzeniana* Nel，1937

名字来源于 M. 奥岑（M. Otzen），南非联合钻石矿业的部长（他在吕德里茨工作），他收集了这个有裂缝的"宝石"。

第 19 页，图 11~12；
第 166 页，图 167~168

大津绘玉可缓慢形成大量的簇丛。对叶大，裂缝深；轮廓呈卵形，侧视呈凸面，面部浅灰绿色到蓝绿色或者带有灰棕色色调的紫罗兰色，罕见有橘褐色；有良好的窗面，边缘呈扇形，中心窗面上有浮雕似的花纹；裂缝区域明显和鼓胀。花期在仲秋，花朵大，开黄花，中心白色；种荚有 5 个腔隙。

分布

这个系列最著名的栖息地是洛来斯方丹西北部的布拉克方丹农场（Brakfontein farm）（隐藏这个地点没有意义）。在布拉克方丹我们可以循着明显的河道找到它们的分布，有河道并不意味着雨量多。这个农场上还栖息着其他的番杏科植物：*Cylindrophyllum hallii*，*Conophytum concordans* (= *Ophthalmophyllum villelii*[1]），*Conophytum lithopsoides* subsp. *arturolfago* (= *C.* "*rawei* " Tischer n.n.)。其中这两种肉锥属植物都与分布在西部和西北部，即克里普兰和加穆普境内的肉锥有关联，它们不和喜欢与植根于斜坡或片麻岩组成的小山丘上的生石花属生长在一起［它们喜欢植根于石英岩山脊或者石英片麻岩组成的"平地"（平原）上］。这个区域附近还分布着其他大津绘玉种群，有超过 15 公里的分布带。让我真正好奇的是，这些在科尔地图上显示的间断的，无编号的，位于克里普兰以北约 20 公里，离大津绘玉典型栖息地近 100 公里远的种群，究竟是什么样子的？

1　在我第二次去布拉克方丹前，我愚蠢地认为这个名字是属于 *C. caroli* 下的。当然 *C. concordans*（Rowley 命名的植物之一）和 *C. caroli* 相关，但是它缺少栖息于克里普兰迪什地区的 *C. caroli* 的无色和双花的特征，它有着更狭窄更绿的身体，顶部有凸面。*C. concordans* 不仅仅分布在布拉克方丹，也分布在离斯普林博克约 40 公里东南部的片麻岩上。——作者按

注意

在栖息地，大津绘玉看起来是瑰丽的；在园艺栽培中，它也是最美丽的种之一。它很容易变得体态臃肿，但想让它消瘦下来却很慢。说起来"容易"，人们总是能选育出一些驯良的植株，但是如果不经过选育，它们的特性就会和自然状态下的一样。有些大津绘玉的习性和外貌在一定程度上类似于韦伯玉变种，虽然韦伯玉变种分布在更远的南部（地理位置的相近常常对应血缘的相近，这个假设很难被反驳，但是我们需要记住不能一叶障目）。另一个可能的亲缘种是美梨玉，它们的栖息地相隔仅数里，但在纹理上却不尽相同。

园艺种

'海蓝宝石'园艺种（'Aquamarine'，第 166 页，图 169）是被热捧的，但是很少看到。原始的植株有着生动的绿松石色，但是它的后代却仅仅呈现了绿青蛙的颜色。我曾经尝试繁殖一些"没有岛状纹路"的植株（见尼尔的《生石花》），我成功了，但是这些植株体色都是偏暗的。其实大津绘系特别吸引人的地方在于它那动画般夸张的纹路。

图 164. 大内玉"多纹型"，Cole 311

图 165.'红大内'大内玉

图 166.'红大内'大内玉，选育自 Cole 81A，
F6 代

图 167. 大津绘玉，选育自 Hammer 531

图 168. 大津绘玉，选育自 Cole 280

图 169.'海蓝宝石'大津绘玉，Cole 128A

曲玉变种　*L. pseudotruncatella* (Berger) N. E.Br. subsp. *pseudotruncatella* var. *pseudotruncatella*，1908

名字来源于它的历史：它曾经与 *Mesembryanthemum truncatellum* Haw（现在的 *Conophytum truncatum* (Haw) N. E. Br.）相混淆；见伯杰（Berger）的著作：*Mesembrianthemen und Portulacaceen* (1908)。布朗曾就此发问：为什么德国人选择了这么长的名字？

第 46 页，图 31；第 52 页，图 37~38；第 172 页，图 170~175；第 170 页，图 185；第 199 页，图 227

　　植物双头或者非常缓慢地形成大量的簇丛。对叶大型，罕见有非常小型，对叶从很好地结合在一起到几乎完全融合（裂缝有时候会缩短成一个凹点）；轮廓呈圆形，有时候呈肾形［"红玉型"（"*mundtii*"），图 174］，侧视呈严格的截形；面部呈浅褐色到棕黄色，或者有光泽的青铜色［"春雏玉型"（"*alpina*"），图 37~38、173］到白粉色［"浅色型"（"*pallid form*"），图 31、172］，有蜡质感，光滑，从来不出现沟渠，存在窗面但是常常缩小成微小的油脂样的点，有时这些点会连成线；边缘模糊，呈斜面；裂缝有"膜状物"（防止叶片融合的膜）。花期较早（晚春或者初夏！），花大型到巨型，开黄花；种荚有 5~6 个腔隙，种荚形状是圆胖的，易碎。

玛瑙玉变种　*L. pseudotruncatella* subsp. *pseudotruncatella* var. *elisabethiae* (Dinter) de Boer & Boom，1933

名字来源于伊丽莎白（Elisabeth Schneider），这里是 Elisabeth 而非 Elizabeth，她就在丁特尔正式描述这个变体的一年前为丁特尔收集了这些植株。尼尔否认这个种，但是特里布纳和施万特斯则支持这个种。

第 173 页，图 176

　　植株强健，罕见有多于两头的情况，面部有泛红的粉色到铜色（特里布纳："亮砖红色"），有红线，光泽程度中等，窗面常常显示出模糊的蓝色的色调。

白蜡石变种 *L. pseudotruncatella* subsp. *pseudotruncatella* var. *riehmerae* Cole，1987

名字来源于它的发现者，伊迪丝·里赫默（Edith Riehmer），她和 E. 布朗的女儿同名。*L. edithiae*（这是以布朗女儿的名字命名的）这个名字是错误的，但是很凑巧地被应用到了这个变体中。

第 173 页，图 177

植物小型，常常分头很慢，罕见有多于两头的。顶部颜色退化，有灰粉色到蓝粉色，隐约有点纹，非常光滑。

拱月玉亚种 *L. pseudotruncatella* subsp. *archerae* (de Boer) Cole，1967

名字来源于雅各布·阿彻（Jacoba Archer），他在一个不寻常的地理构造中发现了这个亚种。

第 173 页，图 178

植株缓慢地形成簇丛。叶子对比曲玉变种柔软，轻微地有些臃肿和纤弱。体形大，体色呈现很浅的棕色到灰绿色到开心果般的绿色，纹路模糊，线纹比点纹多；花期比曲玉变种晚，且凋谢得更快。拱月玉亚种的单宁类型和它的南方近邻碧胧玉变种（*L. schwantesii* var. *urikosensis*）相似，同样也和北方的瑞光玉亚种（subsp. *dendritica*）相似。

瑞光玉亚种 *L. pseudotruncatella* subsp. *dendritica* (Nel) Cole，1946

名字来源于它分支树状的纹路[1]。

第 11 页， 图 2； 第 173 页，图 179~181； 第 171 页，图 186

植物通常单头，罕见有双头。顶部颜色比曲玉变种暗，质地也比曲玉变种粗糙，体色呈粉色到黄—青铜色，有红色或者棕色的分支状的强线纹，这些纹路轻微地嵌入，有时很粗。有些类型有着精细的纹路和呈现浅灰棕色，常常还带有小的白色的斑点［"琅玕玉型"（"*farinosa*"），图 180］，通常没有油脂般的点纹。花期比曲玉变种要晚几个星期。

---

1 名字中的 dendritica 有树突的意思。——译注

名字来源于格朗德赖（Groendraai）农场（农场名字是"绿色的弯曲地 ┃ 第 174 页，图 182
带"的意思），这个名字和许多非洲名字一样，在实际应用中有很多拼
法。特里布纳在他去世的那年（1957 年）在这里发现了这个亚种。

　　植株单头，顶部平坦，浅灰白色，有颗粒感，有时候有皱纹，没有光泽；纹理主要是深色的，有非常精细的点纹，或者留有大范围的空白。

名字来源于奥托·沃尔克（Otto Volk）博士，他是纳米比亚植物专家。 ┃ 第 174 页，图 183
他在"二战"的时候被扣押在纳米比亚。

　　植株形成稀疏的簇丛。顶部有轻微的凸面，体色呈牛奶白到蓝白色，"就像过了漆一样"（施万特斯），纹理模糊或者接近空白；种荚的腔隙数量有超过普通种种荚腔隙数量的趋势，这是施万特斯首先注意到的。

分布

　　曲玉主要分布在纳米比亚首都温得和克（Windhoek）附近，位于从东北施泰因豪森（Steinhausen）到西南的克莱因奥博（Klein Aub）的 200 公里的圈子里。曲玉变种占据了这片区域的上半部分。在温得和克的南部和东南部，有两个紧挨着的相似的离群种群，白蜡石变种和宝贵玉亚种，它们都植根于白色的石英岩上。在上述三个种的南面分布着大面积的瑞光玉亚种，而在它的东侧是藏人玉亚种，南面是拱月玉亚种。值得注意的是，玛瑙玉变种分布在离所有曲玉变种栖息地北部大约 150 公里处（它的分布甚至比其他种还要远）。它的分布非常独立，占据了大沃特伯格（Great Waterberg）中的一块独特的栖息地，在那里它接受了 600毫米的年降水量。特里布纳说："这些植株直接植根于由小型片麻岩构成的河岸上，这些片麻岩基质的厚度不到 2 厘米。由于这些片麻岩位于斜坡上，所以多余的水分可以顺势流走。当我在两年前收集这些植物的时候发现，从山上下来的水流可

以淹没它们而不对它们造成损伤。"对于这个变种，现知道的只有这一个小种群，这种情况和白蜡石变种、宝贵玉亚种，尤其是云映玉很像。曲玉系主要植根于石英石上，但也有一些例外：玛瑙玉变种植根于石英岩和片麻岩上，宝贵玉亚种植根于石英岩和方解石上。最令人惊奇的当属拱月玉亚种，它植根于白云岩和石灰岩上，这在曲玉变种中是独一无二的，虽然这种情况也发生在和它有关联的碧胧玉变种上。

图 185. 曲玉裂缝的发育（从左到右）：6 个月，1 年，2 年，3 年

注意 _____

　　曲玉是最容易上手的种之一，生长和开花都很容易。自一个世纪以来，曲玉已经证明了自己的园艺价值。然而，它还是需要经过几年才能开花，因为它必须经历一段幼苗期。曲玉中裂缝长度随着每次蜕皮而增长，只有到第四次或者第五次蜕皮后才会达到最长，这使得曲玉是生石花属中成熟最慢的（图 185）。（曲玉也有可能在裂缝还是短缝的时候开花，也就是说 3 年龄；也有可能这个裂缝永远也不会发育成完全的长缝。）只有在曲玉系中，膜是完全可再生的；退化的膜可以在其他的种中看到，特别是荒玉，但不是那么明显（图 186）。

　　一些不再有效的分类应当值得园艺上（和分类学上？）的重视：瑞光玉亚种"福音玉型"（subsp. *dendritica "pulmonuncula"*，Cole 71），名字是从拉丁文"小型肺"而来，它有着生动的粉色体色和轻微的凸面，性状介于瑞光玉亚种和曲玉变种之间，而瑞光玉亚种"琅玕玉型"（Cole 245）有着迷人的浅色体色，这和它的近邻藏人玉亚种很像。曲玉变种"红玉型"（Cole 99 和 Cole 100），体形非常大，有着很好

图 186. 瑞光玉亚种；注意中心的膜

的棕色到黄棕色的光泽；而"春雏玉型"则体形很小，尤其是源于 Cole 68 的植株。"浅色型"（Cole 264）没有获得过正式的命名，它看起来和其他的如宝贵玉亚种和白蜡石变种这些浅色的曲玉不同，它的栖息地恰好与后两者接壤，并略向西分布。"浅色型"有着严格的截面，这使得它可以被区分开来，地平协会[1]甚至可以拿它当广告。而当它生长在贫瘠的环境中时，植株变得很漂亮。玛瑙玉变种体形大，颜色很漂亮，它能够极度地忍受——甚至喜欢——大量的水分。"我曾经看到在沃特伯格（Waterberg）的玛瑙玉变种被从山上流下来的水流淹了几个星期，但是当干燥的季节来临后，我发现只有一株死亡了。"（特里布纳，引用自《开花的石头》，第 243 页）

1　地平说学会（又称国际地平说学会或国际地平说考证学会）是一个认为及相信地平说的组织，此组织不认为地球是球状的。文中是形容"浅色型"的截面很平。——译注

园艺种

'白花'曲玉园艺种（*L. pseudotruncatella* 'Albiflora'）只被报道过一次并且只有一个标本株。一些 Cole 68 的植株有着很浅的花色，对这些进行回交应该能产生白花品种。对"春雏玉型"进行培育，也可能出现具有永久的矮小形态的植株。我曾经将"春雏玉型"和"红玉型"进行杂交，虽然"红玉型"是一个更容易遗传亲本信息的种，但还是得到了一系列大型和小型的植株"红春雏型"（图 175 ）。'豌豆瓣'曲玉（subsp. *archerae* 'Split Pea'，第 174 页，图 184 ）有着著名的浓汤颜色。当这些植物在春天刚蜕皮的时候，有着非常浅嫩的颜色，但是这种颜色会在夏天轻微加深。

图 170. 曲玉变种，Cole 67

图 171. 曲玉变种，出自温得和克西南，R. 霍夫曼选育

图 172. 曲玉变种"浅色型"，Cole 264

图 173. 曲玉变种"春雏玉型"，Cole 68

图 174. 曲玉变种"红玉型"，Cole 100

图 175. 曲玉变种"春雏玉型"与"红玉型"的杂交种"红春雏型"

图 176. 玛瑙玉变种，Cole 187

图 177. 白蜡石变种，Cole 97

图 178. 拱月玉亚种，Cole 104

图 179. 瑞光玉亚种，Cole 71

图 180. 瑞光玉亚种"琅玕玉型"，Cole 245

图 181. 瑞光玉亚种"福音玉型"，Cole 72

图 182. 藏人玉亚种，Cole 246

图 183. 宝贵玉亚种，Cole 69

图 184. '豌豆瓣'曲玉，ex Cole 104

留蝶玉系

留蝶玉变种　　*L. ruschiorum* (Dinter & Schwantes) N. E. Br. var. *ruschiorum*，1925

名字来源于鲁什（Rusch）家族。他们居住在温得和克，并对那里的植物无比地感兴趣。鲁什家族，尤其是恩斯特（Ernst）和他的女儿安吉丽卡［Angelika；肉锥属的"烧卖"（*Conophytum angelicae*）的命名者］，他们给丁特尔和施万特斯提供了很多的帮助。恩斯特第一次察觉到生石花属植物的花色和幼株期的裂缝结构有一定的关联，他的女儿马尔加（Marga）"发明了一种寻找生石花的方法，当寻找生石花的时候，坐在岩石上，凝视最近的一寸土地，生石花会不经意地映入眼帘"（施万特斯 1957:190）。

第 39 页，图 28；第 177 页，图 187~188

　　植株有小型到大型，可缓慢地形成簇丛。有些类型［"小型"（"*nelii*"），图 188］到一定年龄后会形成毯状的群落。对叶俯视呈卵形或者圆形，侧视有凸面，轻微张开，隐约有龙骨，体色呈粉笔白色［"斯蒂普尔曼型"（"*stiepelmannii*"）］到浅棕色。顶部不透明但是有一些窗面化的斑块，这些斑块有的时候大得惊人，就像甲胄上漏出来的缝隙，有的时候点缀着间断或者连续的棕色线纹和虚线纹。开金黄色花，有浓厚香味，花期在仲秋，种荚有 5~6 个腔隙。

线留蝶玉变种　　*L. ruschiorum* var. *lineata* (Nel) Cole，1946

名字来源于它那条纹状（线状）的纹路[1]。

第 177 页，图 189~190

　　对叶呈浅白橘色到棕橘黄色，臃肿，在凸起的表面上有橘黄色的细刻线，像一个绷紧的老式热气球。花期无规律，花小；种荚同样很小。

1　lineata 有线条的意思。——译注

分布

　　这个种是生石花属中分布最北的。它出现在纳米比亚北部，从斯瓦科普蒙德（Swakopmund）向上直到越过弗里亚海角（Cape Fria）的狭长的、靠近海岸线的区

域。这个分布带的下半部分分布着留蝶玉变种，上三分之一分布着线留蝶玉变种，中间地带的分布不明。我猜它们会在某一个地方相遇。留蝶玉变种在其分布带的东南部和荒玉交会。至少有一种天然杂交种"留蝶荒玉型"（"*gracilidelorum*"）在园艺中有栽培，它有着明显的和吸引人的介于两者的中间状态。留蝶玉变种生长在众多的浅色岩石上，如石英岩、伟晶岩、方解石。而线留蝶玉变种则喜欢更深颜色的岩石，如片麻岩、橘黄色的石英岩。

注意

这是一种在潮湿的气候下难以养殖的生石花。它像海绵一样，并且有厚重的外皮，它很容易吸收比自身需求更多的水分。这是自然界给它编好的程序，用于应对随时发生的缺水！它蜕皮比较困难，老叶在蜕皮季结束后可能依然存在。将它放置在温室中最干燥和最明亮的地方对它是有帮助的，同样，控制水量也是有益的，当然在夏天，几次彻底的浸盆也是必要的，这将使根和花芽得到充分的发育。"小型"留蝶玉（Cole 316, Cole102, Cole 240）是最容易养殖的；它们矮小的身躯是迷人的，而且它们蜕皮比较容易。线留蝶玉变种是特别难养好的。半年大的播种苗看起来很奇怪，它有着平坦的深色的叶子，人们很难和以后的美丽的蜕变联系起来。在这个阶段，它没有线纹，只有麻点，这种纹路和成年的碧赐玉类似。它完全成熟需要4~5年。

施万特斯对留蝶玉变种的开花机制有很好的解释。W. 舒茨巴赫（W. Schutzbach），一个训练有素的瑞士种植者，被迫将他的一些植株放置在一个相当干燥和阴沉的地方度过了一个异常的夏天，随后他发现那些他最不抱希望的留蝶玉却开花了。施万特斯的解释是，凉爽干燥的夏天有助于花芽的形成，而不是让叶子徒长。当然，有时花芽会在早秋停止发育。我们可以在下个春天，老叶张开时看到棕色的小花梗的遗迹。

　　我正在稳定一些迷人的罕见的留蝶玉，见图 28 和图 187。这是由 M. 金纳赫在罗辛矿场附近收集到的种子繁殖出来的。这不是我们想象中的线留蝶玉变种，但是它在线纹上完全可以击败现在的线留蝶玉变种。

图 187. 留蝶玉变种，金纳赫收集，出自罗辛矿场

图 188. 留蝶玉变种"小型"，Cole 316

图 189. 线留蝶玉变种，Cole 380

图 190. 线留蝶玉变种，Cole 380

李夫人玉系

李夫人玉　*L. salicola* L. Bolus，1936

名字来源于拉丁语的"以盐为生的人"。

第 38 页，图 25；第 179 页，图 191~192；第 199 页，图 226

植株形成中等或者超大的簇丛。对叶俯视呈卵形，侧视呈截形或者轻微的凸面。顶部光滑，隐约有突起，体色通常是暗灰色到灰绿色或者蓝绿色，有时呈现粉色或者灰褐色；有白色岛屿般的斑点，这些斑点有时是大量存在的，有红纹，但通常是微弱的，边缘颜色浅，呈扇形。花朵大，花期在晚秋，开白花，常常带有粉色的花瓣尖；种荚有 5 个腔隙。

分布

这是分布最东的白花种了。李夫人玉集中分布在咖啡方丹（Koffiefontein，即 Coffee Sping!）、彼得勒斯维尔（Petrusville）和霍普敦之间，并被奥兰治河分隔成两半。它和分布在霍普敦周围的巴厘玉直接接壤。制动盘似的水平面和由钙质结砾岩组成的低斜度斜坡——看起来有点像美国西南可怕的泥滩——是李夫人玉普遍的栖息地。纳兰角属（*Nananthus* spp.）的多肉植物同样喜欢这样的环境。有趣的是李夫人玉和福来玉亚种在形态上非常相似，但是它们的栖息地被一列巴厘玉分隔开来，巴厘玉似乎就是它们的分隔线。然而李夫人玉和巴厘玉有同样的单宁类型，它们之间的主要区别在于它们的颜色和纹理。

注意

这个生命力顽强的种是众多生石花中最不容易腐烂的。它在"含盐的"栖息地中，周期性地面临洪水的侵袭，也许正是因为如此，才给了它这样特别的抗性。在园艺中，有很多代表种群，虽然 Cole 351 有着最吸引人的泛红的棕色，但是其中最好的或许当属纹路丰富的"多纹型"（"Maculate form"，Cole 86；第 179 页，图 192 ）。一些养殖很久的李夫人玉会变得像怪物一样庞大：弗里茨的一个有名的巨型植株可以填满一个食量大的人的餐盘。

园艺种

'孔雀石'园艺种（'Malachite'；第 179 页，图 193 ）有着很好的浅黄绿色的体色，并且相当强健。它是从 Cole 351A 中繁殖出来的，并通过我的一些收集于前卡鲁公园的有着轻微的更明显的体色的植株的杂交才稳定下来。一种新的园艺种，'酒神'（'Bacchus'；第 179 页，图 194 ），名字来源于希腊的酒神，有着漂亮的成熟葡萄的颜色。它最近才在日本出现。

图 191. 李夫人玉，Cole 166

图 192. 李夫人玉"多纹型"，Cole 86

图 193. '孔雀石'李夫人玉

图 194. '酒神'李夫人玉

招福玉系

招福玉变种 *L. schwantesii* Dinter subsp. *schwantesii* var. *schwantesii*，1928

名字来源于古斯塔·施万特斯（Gustay Schwantes），德国史前史学家和 第 183 页，图 195~196
生物学家，他的深度观察和推断在番杏世界依然还有回响。"在很多种
中，摆在我们面前的只有一个种群……然后我们通过这个种群繁殖了
成千上万的个体，但是没有两个是完全一致的，或者是有完全相同的
遗传特征。所以几乎不可能通过一个植株来描述整个种，*这些种的特*
征只能通过大量个体的统计学总结才能得出一些普遍的规律。[强调
一下，我赞同斜体文字的看法]"（《开花的石头》，第 196 页）

  植株体型中等或者大型，缓慢地形成簇丛。对叶俯视呈卵形，侧视呈截形，
顶部光滑，有某种程度的粗糙的突起，颜色变化多端，通常是柔和的，从橘红色
["威廉玉型"（"*gulielmi*"）] 到第戎芥末色 [1]["大公爵型"（"*triebneri*"）] 到绿棕
色或者浅灰棕色，有时存在有光泽的蜡质感，有红色到棕色的线纹和绿色或者蓝
色的轻微突起的点纹（不是疣点！），边缘浅橘色到灰色。花期在早秋，黄色到褐
黄色，有下弯的花瓣；种荚有 5 个腔隙。

---

1 第戎芥末，法国第戎产的芥末。——译注

绚烂玉变种 *L. schwantesii* subsp. *schwantesii* var. *marthae* (Loesch & Tischer) Cole，1936

名字来源于玛莎·厄尼（Martha Erni），她是弗兰兹·厄尼（Franz 第 184 页，图 197~198
Erni）的妻子。弗兰兹·厄尼在纳米比亚奥斯附近有一个农场。勒施
（Loesch）和蒂舍尔还用弗兰兹·厄尼的名字来命名一些植物以纪念他
的贡献（*L. ernianum*）[2]。弗兰兹已经去世了，但是他的妻子尚在人世。

  绚烂玉变种常常是相当精致的。顶部光滑，从灰绿色到浅棕色，隐约有光泽；
纹理稀疏，有线纹，常常是暗色的；边缘宽阔且颜色浅淡；花朵小。

---

2 *L. ernianum* 应为肉锥属的英仁玉（*Conophytum ernianum*）。——译注

名字来源于它那酒窝状的皱纹。 | 第 184 页，图 199

理论上说，黑曜石变种比招福玉变种略粗糙，但是实际上两者从宏观纹理来看几乎是相同的（虽然有一点轻微的偏暗）。最大的区别点在于它那深粉色、蓝粉色或者灰色的颜色，这些颜色会朝着边缘方向逐渐消退。这个变体会比其他变体略大一点，更趋向于臃肿化。施万特斯关于这个变种提到的特征是：蓝色的颜色（见后面的"园艺种"部分的描述）。

碧胧玉变种 *L. schwantesii* subsp. *schwantesii* var. *urkosensis* (Dinter) de Boer & Boom，1928

名字来源于它的分布地区，乌里奇（Urikos）农场，位于马尔塔赫厄（Maltahöhe）的西北部。 | 第 184 页，图 200~202

顶部有着混凝土或者黏土的颜色，或者浅黄色呕吐物的颜色，对叶常常有着不对称的粗糙感，有棕色或者红色的线纹，有时是醒目的［"网胧玉型"（"*nutupsdriftensis*"）］。边缘常常是朦胧的浅色并有轻微的抬升。

盖瑟玉亚种 *L. schwantesii* subsp. *gebseri* (de Boer) Cole，1964

名字来源于沃尔特·格布泽（Walter Gebser），他在 1960 年收集了这个种。 | 第 185 页，图 203

盖瑟玉亚种面部的纹理比招福玉变种更加密集和丰富，在叶子上有更多的突起，有更狭窄的边缘。有独特的暗淡的丁香灰紫色或者丰富的紫棕色，这肯定和它生存的独特的岩石类型相关（见下文）。

分布

招福玉变种分布在一个狭长的地带——从奥斯南部到马尔塔赫厄西部，其中交错分布着碧胧玉变种。碧胧玉变种的分布超越招福玉变种北部的边界，然后和招福玉变种分布的南部吻合；数量较少的黑曜石变种分布在中间地带，被招福玉变种包围；绚烂玉变种在较南的地区有一个离群的分布（但是相比惜春玉变种的距离，还是更接近招福玉变种，它们看起来是明显相似的）；盖瑟玉亚种分布在招福玉分布带的东边，马尔塔赫厄的南部。科尔的地图显示了在 40 公里的区域中散落着三个种群。只有一个种群有科尔编号（其他两个种群的可靠的数据肯定是其他人提供给科尔的）。招福玉变种对岩石类型不挑剔，它植根于沙石、石英石、片麻岩，甚至钙质结砾岩上；绚烂玉变种没有像招福玉变种一样那么"杂食性"（主要植根于石英石和片麻岩、钙质结砾岩和石灰岩）；黑曜石变种和碧胧玉变种喜欢植根于钙质结砾岩和沙石；盖瑟玉亚种则更加挑剔，它喜欢深色的含铁矿的沙石。

注意

　　根据托尔斯泰的说法，幸福的家庭都是一样的。招福玉系，如果给肥过多都会长得很像，因为它们全都会褪色和变得臃肿。即使在严峻的条件下养殖，它们的区别——主要包括纹理和色调的变化——也相对来说是轻微的。对于招福玉而言，不仅仅一个分类下的单个植株容易失去自己的特点，甚至整个系都会这样。但是，这是喜欢抑郁风格的人喜欢的一个系，他们会被招福玉阴沉的灰色所吸引，对于那些"受虐狂"，也会享受这不断的莫名其妙的自发性烂根（如，隐性腐烂或者 / 和由先前浇水引起的腐烂）。招福玉变种的灼伤有一个特殊的过程，开始它变成一种有吸引力的浅蓝色，这看起来很"自然"，但是当我们真正意识到的时候，它的组织已经坏死了。招福玉的一些类型和微纹玉很难区分（它们有着相同的单宁类型），但是后者通常有更大的疵点。这些种间的杂交种子已经在欧洲种子市场上面世，标记为 *Lithops* sp. nov，当然它们是新的，但不是新的种。

　　除了上面说到的，我还想提一下，许多招福玉变体有着漂亮的颜色，尤其是"威廉玉型"（Cole 184），它有着宽阔的血红色的线纹和橘色的边缘。"大公爵型"（Cole 79，Cole 143B）有着更黄的体色，并十分醒目。在科尔 1988 年的地区种列表中，这个名字被除名了，但是在 1981 年的地区种列表中，它是在使用的。理所当然的，Cole 79 中的一些植株和我的从特里布纳及约翰逊那里获得的原始植株很相似。"灰色型"（"Grey forms"，Cole 144）常常令我困惑，它分布在奥斯的东北部，像粗糙的、轻微偏灰的招福玉变种，并接近于碧胧玉变种的栖息地。但是另一个"灰色型"种群 Cole 250，分布在内陆至奥斯南部，即绚烂玉变种的栖息地的中间一片，和绚烂玉变种很像（但是更灰更暗），它并没有出现在科尔的招福玉变种的地图中。可能仅仅是因为"灰色型"是一个模棱两可的类型。

园艺种

'蓝月'园艺种（'Blue Moon'，第 185 页，图 204）是从黑曜石变种中选拔出来的，有着蓝色的色调，有时——一段时间——有着醒目的浅粉蓝色的体色。'线'招福玉园艺种（'Nutwerk'）有着密集的网状的强线纹，是从碧胧玉变种（Cole 75）中选拔出来的，它之前被称为 var. *nutupsdriftensis*。

图 195. 招福玉变种，出自黑尔梅灵豪森（Helmeringhausen）

图 196. 招福玉变种，Cole 143B

图 197. 绚烂玉变种，R. 克拉茨选育

图 198. 绚烂玉变种，D. 哈代选育

图 199. 黑曜石变种，Cole 247

图 200. 碧胧玉变种，P. V. 布鲁因选育，出自乌里奇

图 201. 碧胧玉变种，Cole 75

图 202. 碧胧玉变种，Cole 75

图 203. 盖瑟玉亚种，Cole 165

图 204. '蓝月'招福玉

翠娥玉系

翠娥玉

翠娥玉　　*L. × steineckeana* Tischer，1951

名字来源于赫尔·施泰内克（Herr Steinecke），德国斯图加特附近的园丁。| 第 188 页，图 207

植株缓慢地形成簇丛。对叶轮廓呈圆形，侧面看像男性生殖器；顶部有凸面，或者在几年后变成截形，浅肉色到奶油米黄色，有点纹或者无点纹，有时隐约布有红线；有隐约的或者明显的窗面，裂缝退化成一个小口，或者变成长缝——另外一种变型；包皮的特征每年都存在。花期在早夏，开大花，金黄色，柱头异常多（6~10 个）；种荚有 6~10 个腔隙，大多数是 7 个。

注意

这个不稳定的"怪胎"是在德国苗圃一批播种苗中出现的。它准确的亲本没有记录因而未知，但曲玉一定是参与其中的。也许曲玉是母本，因为母本的特性在大多数生石花杂交种中有强烈的显现。另外一个亲本，明显拥有光滑的、差不多聚合的浅色的叶子，纹理稀疏或者缺失，夏季开花，黄花或者白花。加上这些限制后，只有生石花属、银叶花属、胧玉属和肉锥属符合条件。我尝试过用这四个属中的各个种的花粉给曲玉授粉，但是都失败了，这些属的花粉只是诱导了自交授粉。[见第 188 页，图 209；这个植株的"父本"——说养父或许更加贴切[1]——是肉锥属的'少将'（*C. bilobum*）。] 曾经有人巧妙地认为肉锥属的翡翠玉（*C. calculus*）是可能的亲本，我也尝试了。很有可能翠娥玉的亲本本身就是杂交的。我猜翠娥玉的自然栖息地是纳米比亚，并从纳米比亚传播到了德国。弗里茨花了很多年来去除翠娥玉中的混合因素的影响，实际上也就是去除曲玉的影响，这样可以让其他未知的因素显露出来，结果可以肯定一点，即一定是沾染了有凸面的种的基因。图 207 显示了从有凸面的种繁殖选育下来的植株，基本上揭露了翠娥玉的样子。注意有些植株还保留着曲玉的点纹和平顶，这说明了曲玉的基因影响有多大。科尔将他从弗里茨那里得到的植株给了编号 Cole 388。弗里茨对这个"种"的搜寻涉及了与其他生石花种植者的跨州采购，他培育了成千上万的播种苗，但是后来都被否定了[2]。

1　因为 *C. bilobum* 的花粉仅仅是诱导了自交授粉，而没有真正意义上的遗传物质的传递，所以不是"亲生父亲"，而是养父。——译注
2　弗里茨为了找到他认为的真正的翠娥玉，在欧洲（德国、荷兰、瑞士）和日本对这个罕见的、异常的"种"进行了寻找，然后对在这些地方找到的四株植株进行了杂交，最后他得出结论，他找到的四株植株中至少有三株是杂交的，而不是真正的翠娥玉。——译注

碧赐玉系

碧赐玉

碧赐玉 *L. vallis-mariae* (Dinter & Schwantes) N. E.Br. ，1925

这个名字来源于地名马林塔尔（Mariental，意为玛丽亚的山谷）的拉丁名，在这附近的农场上第一次收集到这个种。

第 189 页，图 210~212

植株形成 1~2 个头，常常（非常）缓慢地形成 4~6 个或者更多个头的簇丛。对叶大型，轮廓为圆形。顶部呈截形，为浅肉色到粉笔白或者象牙黄色，特别不透明和紧凑。表面覆盖着深坑或者刻痕，数百个微小的坑形成了一个粗糙的表面，裂缝横跨整个顶部，植株常常在未成熟时就开裂，显示出深灰绿色的裂缝区。花

期在早秋，花朵小型到中型，花色为黄褐色到粉黄色；种荚有 5~6 个腔隙。

分布

这个种有点像它的远亲曲玉，占据了一大片完全独立的领域，它的边界由马林塔尔、斯坦普里特（Stampriet）、伯塞巴（Berseba）和阿罗布（Aroab）组成，并分布在曲玉的东南部。它植根于石英石、沙石和钙质结砾岩上。我曾经走过这些岩石，却不能发现隐藏着的碧赐玉。这些有凹痕的有着饼干似的纹理的植株像极了它们栖身的岩石，这很好地保护了它们。我参观的这片区域是平原，并且遭受了洪水的侵袭（罕有！）。

注意

这是最像石头的生石花种之一。它和线留蝶玉变种有着相似的栽培难度，一个有意思的现象是，这两种的播种苗都很相似。碧赐玉的成株蜕皮很难。三年株龄的老叶会趋向于褪色成黄色，并有着像美国健康杂志封底警示的"老年斑"。碧赐玉可以通过藏人玉亚种和曲玉联系起来。藏人玉亚种当年被德波尔归入到碧赐玉下。这两者有着相同的单宁类型，但是碧赐玉有着特别的花：长茎，独特的、巨大的萼片。丸雅玉变种（*L. vallis-mariae* var. *margarethae* de Boer；第 189 页，图 212；异名，现已不使用）与碧赐玉的区别是有着一些棕色的表皮皱褶，但是这充其量只是一个易变的特征而已。丸雅玉变种的名字常常被误拼为 var. *margaretae*，这可能是因为和魔玉（*Lapidaria margaretae*）这个名字混淆了。

园艺种

'谷间少女'园艺种（'Valley Girl'）和普通的碧赐玉没有任何分别，直到她张开嘴——并不是因为她那扎帕[1]似的让我恶心的口音，而是因为她完全白色的花瓣。它来源于 Cole 281 的播种苗，由简·埃文（Jane Evan）培育而成。

---

1 穆恩·扎帕（Moon Zappa），出生在纽约，父亲是音乐家弗兰克·扎帕。她的第一次亮相是在 14 岁那年参加她父亲的一首单曲 "Valley Girl"（与白花碧赐玉变种同名）。——译注

图 205. 杂交一代（紫勋玉 × 绫耀玉）

图 206. 杂交二代

图 207. 翠娥玉，Cole 388

图 208. 金铃玉 × '哈默红宝石'菊水玉

图 209. 曲玉与肉锥属的'少将'的诱导"杂交"

图 210. 碧赐玉，Cole 238

图 211. 碧赐玉，Cole 166

图 212. 丸雅玉变种，Cole 167

朝贡玉系

朝贡玉变种　*L. verruculosa* Nel var. *verruculosa*，1943

名字来源于它表皮上的疣点[1]。.

第 11 页，图 3；第 21 页，图 19；第 46 页，图 30（上边）；第 197 页，图 213~214

　　植株缓慢地形成簇丛。对叶轮廓是肾形到回飞镖形。顶部呈截形，面部浅灰

1　verruculose 是瘤状物的意思。——译注

色到蓝灰色或者泛着红的青铜色；有良好的窗面或者不透明，常常有很多微小的硬质的红色的树脂般的疣点，粗糙程度波动很大。花期在仲秋，花色呈青铜色、粉色、白色、银粉色、杏黄色和暗柠檬黄色，并伴有玫瑰色或者紫罗兰色的线纹，罕见有完全玫瑰色—紫罗兰色。种子很小，种荚有 5~6 个腔隙。

茯苓玉变种　*L. verruculosa* var. *glabra* de Boer，1966

名字来源于它那没有疣点的光滑质感。 | 第 197 页，图 215~216

　　植株体形常常比朝贡玉变种小（小很多），并更加狭窄，面部更加光滑，体色呈浅蓝灰色到白粉色，常常有带釉的质感，好像要融化一般，红色的突起很稀疏，甚至完全缺失。

分布

　　朝贡玉变种有宽广的分布范围，从西边加穆普附近的一个点（1988 年我在那里曾经看到过单一的一个植株！）到东边的福斯堡（Vosburg），再到北边的普里斯卡。这片区域和北部茯苓玉变种的领地（它只出现在肯哈顿附近的某些点）完全不重合。中间明显的分布空白点应该是人为破坏造成的。茯苓玉变种植根于伟晶岩和钙质结砾岩上，而朝贡玉变种植根的岩石类型则更加丰富：石英岩风化的沙石、火山岩、铁矿岩、碧玉、钙质结砾岩都是它的植根之地。事实上，我对朝贡玉变种栖息地的印象是，它植根于各种散落在平原的岩石上。

注意

　　关于生石花属（无论是描述生石花的书还是生石花属本身）中的最大的谜团之一就是尼尔对于朝贡玉变种的描述只提到了灰色的疣点，这和生石花养殖者手中的有光泽的红色疣点相去甚远。更进一步地说，尼尔描述几乎相同的同系物 *L. inae* [1] 时也提到了类似的疣点，而他的插图（他对于分布地的描述是矛盾的、含糊

1　指 *Lithops verruculosa v. verruculosa* (syn. *inae*)，即朝贡玉变种的异名。——译注

的）提示了他的这两个种的植株都采集自肯哈顿，并都是由范德·韦斯图伊曾博士（Dr. van der Westhuizen）收集的。我猜范德·韦斯图伊曾博士的收集点在Cole 25的分布点或者附近，在这里朝贡玉变种和附近的典型的茯苓玉变种同时存在。也许，尼尔在整理文件时将采集到的数据和相应的植株意外地弄混了。因为茯苓玉变种现在所知的只在肯哈顿分布，而朝贡玉变种被认定不在肯哈顿这个镇附近分布[1]。另外一个谜团是，为什么尼尔书中的图52，朝贡玉变种的第二幅照片那么像经典的茯苓玉变种？尼尔关于"肯哈顿"的描述是指肯哈顿镇，还是肯哈顿地区？不管怎么样，朝贡玉系是一个让专业爱好者喜欢的系，尼尔的困惑取悦了我们，另外朝贡玉还是生石花属中花色最丰富的种。朝贡玉开花并不困难，虽然在长期缺水状态下，花芽会消退。它的根系不喜欢极度缺水。

---

1 这一段的意思大致是尼尔对于朝贡玉的描述是基于采集自肯哈顿的植株，而在这个区域只分布着茯苓玉变种，经典的茯苓玉变种的红色突点不明显。所以导致了尼尔对朝贡玉系描述的偏差。同样，第二个谜团中的照片，可能就是茯苓玉变种，而不是朝贡玉变种。因为朝贡玉变种不在肯哈顿分布，这里采集到的只有茯苓玉变种。因此后面作者提出了疑问，尼尔的采集地仅仅指肯哈顿镇，还是包括了其他区域？——译注

园艺种

'得州玫瑰'园艺种（'Rose of Texas'；第12页，图5；第197页，图217）出现在美国，是从Cole 159的播种苗中选拔出来的，它最初由得克萨斯艾索市（Azle）的艾德·斯托姆斯发现，如果他能够活得长一点的话，无疑会在这个园艺种的培育中取得更大的成就。在1987年（他死于同年的5月），他已经选拔出了4株这个园艺种，我就是从这4个植株中稳定了它那惊艳的花色。这是一种从白花和黄花的海洋中脱颖而出的让人耳目一新的樱桃色。另外我还意外地从艾德·斯托姆斯遗留的植株中获得了绿线纹的朝贡玉。我将它命名为'铜锈'（'Verdigris'；第197页，图218）。这个名字一方面来源于由于氧化反应使得朝贡玉的颜色呈现为

青铜绿色 [1]，另外一方面来源于《茶花女》的作曲者 [2]，他煊赫的曲子再现了原著中令人惊喜的女主角薇奥莱塔。其他潜在的园艺种也可以通过对各种不同花瓣颜色的植株的选拔而获得，蜜橙黄和柠檬黄都是我们想要的选拔颜色。此外，我还在对一些疣点聚集在凸起的脉络中的植株进行选拔。

1　Verdigris，后面四个字母读音类似于绿色的。——译注
2　《茶花女》作者是威尔第（Giuseppe Verdi），也就是 Verdigris 的前五个字母。——译注

臼典玉系

臼典玉亚种 | 传法玉亚种 | 见霓玉亚种

臼典玉亚种　*L. villetii* L. Bolus subsp. *villetii*，1950

名字来源于 C. T. 维莱特博士（C. T. Villet），他是卡罗斯·"让"·维莱特（Carolus "Jean" Villet）的孙子。C. T. 维莱特博士还是开普敦的花卉画家，并是路易莎·波卢斯的"收集者小组"的一分子；路易莎·波卢斯慷慨地给予她的成员命名权的荣誉。

第 198 页，图 219

　　植株缓慢地形成簇丛。对叶轮廓较长，或者呈现圆形或卵形，质地柔软；顶部呈凸面，体色呈浅灰绿色、紫罗兰灰，以及深灰绿色；有良好的窗面，常常光滑有光泽，有时分布着浅色的斑点，没有红纹，边缘隐约地呈扇形；裂缝轻微地张开，唇部常常臃肿并有轻微的粉色。花期在仲秋，开灰白色花；种荚有 6~5 个腔隙。

传法玉亚种　*L. villetii* subsp. *deboeri* (Schwantes) Cole，1952

名字来源于德波尔博士，他在货运朝贡玉的时候"发现"了这个种。当他看到这个植株时意识到：1. 这肯定不是朝贡玉；2. 这个种肯定没有被描述过。因为这批货物是混合种，所以科尔推测臼典玉和朝贡玉可能是生长在一起的。

第 198 页，图 220

　　对叶比臼典玉亚种更加接近截形，面部呈浅丁香紫或者灰色，窗面常常分布着数量众多的锯齿状纹，偶见显著凸起的岛屿，红纹缺失；裂缝区常常是轻微的白色或者粉色（尤其是德波尔的原始植株）。

名字来源于米亚斯·肯尼迪，杰出的生石花属、肉锥属、香果石蒜属、苏铁属和萝藦科植物的种植者，并且是一些新的分类的发现者、揭秘者和探索者。第198页，图221~222

对叶呈截形，质地坚硬，常常为大型；面部宽大，体色呈褐红色到生动的橄榄绿色，有隐约的花纹，红纹缺失，边缘凸起并且有华丽的皱褶。（和福来玉亚种类似，正因为如此，这个亚种最初和福来玉亚种联系在一起，但是它有明显锯齿状的边缘。）

分布

臼典玉系的植株的栖息地还在不断地扩展，更精确地说，是我们对这个系的认识在不断地深入（我们当然也希望这个系的植物也在不断增加）。臼典玉系的栖息地尚未完全探明，因为这片区域难以进入。一方面是因为那里过于荒凉，另一方面那里还掩埋着大量的核废料。散落的钙质结砾岩使这块区域变成白色，这些岩石成为了生石花属、胧玉属、唐扇属和其他一些体型紧凑的番杏属的孕育之地。这些广泛散落的臼典玉亚种的分布——从克里普兰的西北部到洛来斯方丹的东北部——很奇怪地和外貌类似的大津绘玉的分布带平行。传法玉亚种集中出现在克里普兰的北部和东北部，这和臼典玉亚种的栖息地很好地分离开来，但是几乎和见霓玉亚种的栖息地接壤，见霓玉亚种的分布轻微地更向东南和东边一点。臼典玉亚种植根于页岩和钙质结砾岩上；传法玉亚种植根于有着石英岩的钙质结砾岩上；见霓玉亚种植根于红色的沙石或者粉色的钙质结砾岩上；见霓玉亚种、福来玉亚种和朝贡玉都栖息在加穆普东部的独特的地貌结构上。

注意

臼典玉亚种和其他的白花生石花有一定的相似度，如茧形玉、李夫人玉，但是通常可以通过它那单调、阴暗的面部和深色的中心处分辨出来。在人工栽培过程中，它的培育不尽如人意。很多年来我们知道传法玉亚种来源于 2 株不明身份的植株（但是肯定是野生的），它们被养殖在德波尔的温室里，并繁殖了数千株。它很容易和韦伯玉变种混淆，但是后者体形更平、更纤弱（它们有不同的花色）。科尔的植株（来源于 3 个种群：Cole 230A、231 和 258）给这个系带来了更加全面的画面。Cole 258 可以很好地和其他种分别开来，它有着令人惊奇的大体形和更加红色的体色，它分布于最红的一种福来玉亚种（Cole 259）的栖息地附近。见霓玉亚种有着迷人的木雕质感。米亚斯·肯尼迪相对于他最先发现的种群 Cole 123（分布在更东南部）更喜欢 Cole 197（分布在波法德尔南部）；Cole 197 有着红色顶部的植株的比例更高。整个系列人工栽培的进度很慢，因为它对养殖环境比大多数生石花都要敏感。

园艺种

埃米尔·赫尼斯（Emile Heunis）从臼典玉亚种中培育出了一些偏绿的播种苗。它们的窗面是暗色的，这和这个亚种的普遍特征一样，但是它的侧面是灰绿色的，这是最有希望的颜色组合。见霓玉亚种可以选育以强化它那吸引人的红褐色。

美梨玉系

美梨玉

美梨玉　*L. viridis* H.Lückhoff，1958

名字来源于它那绿色的体色[1]。　　　　　　　　　　　　| 第 198 页，图 223

植株小型，缓慢地形成簇丛。对叶较长，瘦小；轮廓呈圆形，质地柔软；顶部有强烈的凸面；体色呈暗绿色到轻微的紫罗兰灰绿色，罕见有紫红色；有完全

1　名字中的 viridis 有翠绿色的意思。——译注

的窗面，常常有轻微的光泽，有时散落着白内障似的斑点；裂缝张开，唇部不臃肿；侧壁常常有皱纹。花期在仲秋，开黄花，中心白色，几乎不伸出深深的裂缝外面。

分布

美梨玉分布在一个小范围的荒漠之地，即洛来斯方丹南部，植根于燧石和页岩上。莱斯利·希尔（Leslie Hill）首先"发现"它被种植在一个走廊式的花园中的花盆中，后来他才意识到原来是当地的农民将一部分非常本土化的植物种植在了花盆中。美梨玉深深地植根于分层页岩的洞穴中，并且据今所知只分布在很小的一块区域内，虽然和它紧密共生的楠舟属的 *Stomatium pyrodorum*，遍布布什曼兰德的加尔文教派地区。

注意

美梨玉的名字看上去没有什么想象力，但是当我们意识到这确实是生石花属中最绿和最朴实的种之一时，才发现这个名字是绝妙的。它到底是原始而简单的幸存者，还是深度返祖，抑或是进阶演化的植株（因为它的分布范围很小）？它们很难从种子养成成株。如果给肥过多，它会变得臃肿，而且会导致它那微小的分生组织死亡（窒息？）。在养殖美梨玉上，心急吃不了热豆腐。

云映玉

云映玉　　*L. werneri* Schwantes & Jacobsen，1951

名字来源于维尔纳·特里布纳（Werner Triebner），威廉·特里布纳的儿子，维尔纳和他父亲一样，也是一个热心的收集者。

第 38 页，图 27；第 198 页，图 224

植物非常小。对叶粗而短，俯视呈圆形，侧视有凸面，有光泽，有无规律的粗糙点，就像是煮熟了的燕麦粥，顶部有非常浅的棕—灰—绿色，点缀着绿色、红色或者青铜色的线纹和点纹，这些纹路复杂多变，常常是羽毛状的，窗面有宽有窄。花期在早秋，有浓厚的香味，深黄色，花小，花瓣稀疏，有时自花可育。种荚有 6~5 个腔隙。

分布

明显地，这个种很难靠自己扩张栖息地，虽然现代人已经尽了最大的努力去帮助它。"我游历了它的栖息地，并采集了几百个植株。"（特里布纳写给施万特斯的信中提到，引自《开花的石头》，第 221 页）在特里布纳之后没有人再去做扩大云映玉种群的工作。哈里·霍尔在 1981 年写给史蒂文·哈默的信中提道："我曾被带到埃隆戈山脉（Erongo Mountains）云映玉所在的典型栖息地去查看，发现它们栖息在一片不比客厅大的沙砾中。在几码之外的裸露的花岗岩上同样存在着一片相似的沙砾，但是在这片沙砾上却没有生石花的足迹。已经进入垂暮之年的特里布纳告诉我，在他发现云映玉之后，还花了大量的时间在埃隆戈来搜寻更多的植株，但是常常空手而归。现在的问题是：为什么这个小型种不能迁移到只有 10 码（9米）远的有着同样的地理构造的新地方并经过数千年的演化在这块新的地方成为一个标准的种群？"这是一个很好的问题。云映玉在埃隆戈的栖息地位于荒玉一个种群的栖息地北部约 20 公里处。在这附近没有其他种的生石花，这个距离对于鸟类传播（生石花）并不存在困难。也许云映玉这个小型精致的种只不过是荒玉被鸟类传播到此地的"流浪者"，并演化得小型化而成为新种独立出来。那么在沙漠中究竟还有多少这样的"流浪者"等待发现？

注意

特里布纳认为云映玉是生石花属中最小的种（"它就像豌豆那么大"）。同样的小型种还有彩妍玉和福德玉亚种。奇怪的是，所有这些小型种都是单种群的，它们对水分和营养物质的渴求是最简单的，一点点额外的水分就可以让它们生活得很滋润。

图 213. 朝贡玉变种，Cole 159

图 214. 朝贡玉变种，Cole 95

图 215. 茯苓玉变种，Cole 160

图 216. 茯苓玉变种，Cole 160

图 217. '得州玫瑰'朝贡玉

图 218. '铜锈'朝贡玉，ex Cole 159

图 219. 臼典玉亚种，出自洛来斯方丹

图 220. 传法玉亚种，Cole 231

图 221. 见霓玉亚种，Cole 123

图 222. 见霓玉亚种，Cole 197

图 223. 美梨玉，Cole 127

图 224. 云映玉，Cole 188

图 225. 紫宝翠玉变种——三瓣重叶（或三叶型）

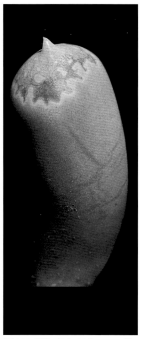

图 226. 疑为李夫人玉——B. 梅
福德（B. Medford）收藏中的畸
形个体

图 227. 曲玉——八瓣如肠道一样的冠形植株

图 228. 紫勋玉变种，Cole 28——接近三瓣重叶

种的介绍　》朝贡玉系　臼典玉系　美梨玉系　云映玉

新增的分类和园艺种

（2010 年第二版）

新增分类

小列岛玉　　*L. amicorum* Cole，2006

名字来源于四个严谨的朋友，他们在纳米比亚发现了这个微型种。　　|　第 207 页，图 229

　　植株形成 2~4 头的中型簇丛。对叶俯视呈狭窄的卵形，侧视呈一定程度的凸面，面部光滑，从来不出现深的凹痕，体色呈浅白灰色，有时呈浅蓝棕色，颜色略暗，窗面不透明，浅浅地分布着白色的岛纹，有时有微弱或者明显的红纹。边缘纹理精细，呈扇形，不延伸至侧面。花小，开白花，花期在早秋；种荚小，有 5 个以上的腔隙。

分布

　　这个最新发现的种分布在奥斯东南部的一个很小的区域内。从某些特征来看，它类似于寿丽玉亚种，或者更笼统地说，类似于爱爱玉变种，但是它的体型比上述两种都要小，而且它分布在上述两种栖息地的西北部。它那可爱的灰色的体色与顶部的纹路和一些寿丽玉的类型很像。小列岛玉植根于石英岩上，栖息在独特的绚烂玉变种"蓝色型"附近。

注意

　　这个种很容易养殖，很快达到性成熟。唯一的问题是，它的对叶会过早地分开。植株的体形在温室中很容易变大，这就是科尔强调的微型种的特性会不明显的原因，这也使得福德玉亚种仍然在小型种上占据一席之地。托克·肖曼（Tok Schoeman）发现的第二个漂亮的种群（离第一个发现的种群只有几公里远，TS73）有更高的概率出现红纹，可形成稍大的簇丛，与寿丽玉亚种更相似，甚至接近福来玉亚种。

名字来源于它那异常光滑的顶部[1]。

第 107 页，图 81；第 207 页，图 230

植株小型，形成 2~4 头的簇丛。对叶俯视呈宽大的卵形，侧视有凸起或者呈截形。面部光滑，罕见有强颗粒感。体色呈棕色到浅芥末色，窗面（非常）模糊，隐约有红纹或者完全没有红纹。花中等大小，黄花，花期在早秋；种荚有 5 个腔隙。

1　laevigate 有光滑的意思。——译注

分布

这个变种是被一个住在波法德尔东北部的农民发现的，由塔蒂·维瑟博士（Dr. Tattie Visser）鉴定为新种。塔蒂·维瑟博士在阿平顿生活和工作，他对当地的植物了如指掌。传统的鉴定方式[2]还是行之有效的。塔蒂·维瑟博士采集的植株有着光滑而凸起的顶部，这让我们想起鸣弦玉变种。1991 年，维瑟先在他的遮阴棚中给我展示了这些植株，然后又带我去了栖息地。这些植株看起来很罕见，但是由于时间仓促，我们仅仅探索了两小块区域。科尔后来得到的植株，来自于同一个农场的不同采集点，这些植株的顶部平坦，体色也没那么黄。

2　文中传统的鉴定方式是指发现这个变种的农民提出问题，然后塔蒂·维瑟博士对实物进行鉴定。这有别于对照片或者其他现代化的鉴定方式。——译注

注意

这个变种很容易养，很快达到性成熟，这是美国收集者对"波法德尔"地区的微纹玉的共识。乐微玉变种的栖息地正好在波法德尔的东北部，分布点较为分散，但是大多数跨越了纳米比亚南部的河流。

名字来源于封闭的钻石开采区域，就是在这里发现了这个种。　　第 110 页，图 89；第 207 页，图 231

植株小型,可形成2头簇丛,罕见有更多的分头。对叶俯视呈卵形,侧视有凸面,面部光滑，没有深刻的凹痕；体色浅灰色，有时呈粉色，从来不会出现橘黄色和棕色。窗面明显,通常可归为复杂的圆形微窗。边缘纹路密集,延伸至侧面。花小,开黄花，花期早秋。种荚有 5 个腔隙，种荚小，种子呈独特的浅黄色。

分布

这个美丽的种分布在纳米比亚斯佩格比特的塔斯奥斯（Tsaus）高原（钻石保护区）。地形封闭和经济封锁可能是这个种发现较晚的原因（1995）。它植根于独特的岩石地貌上——粗糙的、冒着小尖的白云岩和钙质结砾岩——这也是它们数量稀少的原因。它的窗面结构和海绵质感让我们联想到另一些钻石区的种——古典玉和源氏玉，但是神秘玉可通过它那灰色的体色轻易地辨别出来。

注意

这个种非常容易养殖，园艺栽培已经非常成功。我在继续对这个种进行延伸选拔，一小部分是因为这是我发现的唯一的生石花种，大部分是因为这个种非常容易让人满足，因为它性状稳定，容易分头。它分头的速度是古典玉的三倍。

新增园艺种

这个新园艺种是由乔西·布兰特培育起来的，她是痴迷的生石花爱好者，居住在日轮玉栖息地的中心地带。事实上，这个品种在她的家族农场中大量存在。布兰特的父亲很早就过世了，他曾经提及过另外一种生活在吕德斯海姆

（Rüdesheim）的绿色的日轮玉，但是后来再也没有被找到过。无论如何，'吕德斯海姆红宝石'日轮玉不是绿色的，而是一种富有天鹅绒质感的红色的品种。（天鹅绒质感只是一个形容，事实上没有一种生石花有乳突状的凸起或者是毡状的，但是它确实有一种哑光的质感。）它的花是日轮玉中普遍存在的黄花，这是一个遗憾。

'可爱凯蒂'日轮玉　*L. aucampiae* subsp. *euniceae* 'Bellaketty'　第 207 页，图 233

这个源自意大利的园艺种有很多鸣弦玉变种这个老品种的特性，比如强健性、抗性，以及超现实色彩的体色。它比它的本源光阳玉亚种（图 234）生长得更快、更加稳定。它的培育者朱塞佩·皮乔内（Giuseppe Piccione）有丰富的生石花收藏，这些数量巨大的生石花总会繁衍出更好的子代。挑选优秀的特征并使之显著化，这是朱塞佩·皮乔内的目标。

'暗火'柘榴玉　*L. bromfileldii* var. *glaudinae* 'Embers'　第 208 页，图 235

在这个园艺种中，火焰或者燃烧的煤炭的光辉在辉耀玉变种（本源）的表面上闪烁。这种红色在 C393 中表现最为突出。植株之间的颜色深浅不尽相同。许多植株表现出不起眼的棕色，而一些植株在春天新叶出现时表现出了很有希望的红色，然而在秋天会严重褪色。但是，在任何一批红色的播种苗中，总有一些表现出了特别深和特别持久的红色。

柘榴玉"东方型"　*L. bromfileldii* "Eastern form"　第 208 页，图 236

这是来源于韦尔格沃登（Welgevonden）农场的一种奇怪的柘榴玉类型。它分布在柘榴玉变种和辉耀玉变种之间，它的特征也介于这两者之间，但是似乎更接近辉耀玉变种。

'白色妖精' 柘榴玉　*L. bromfileldii* 'White Nymph'　第 208 页，图 237

岛田保彦（Yasuhiko Shimada）是日本的皮乔内[2]，同样反过来也对。他为这个品种选择这个名字体现了它花瓣的白度，尤其是和柘榴玉玉石般的叶子对比时，花瓣的白色更加引人注目。我猜岛田保彦先生有养殖睡莲，也就是通常所称的白睡莲（*Nymphaea alba*）。'白色妖精' 柘榴玉同样有着美丽的橘黄色的体色，和岛田保彦培育的其他所有品种一样，它有着很高的一致性。

1　White Nymph 有白睡莲的意思。——译注
2　皮乔内是指意大利收藏大家朱塞佩·皮乔内，即'可爱凯蒂'光阳玉亚种的培育者。意思是指岛田保彦的收藏和皮乔内的收藏可以媲美。——译注

'绯红珍珠' 宝翠玉　*L. divergens* 'Pearl Blush'　第 208 页，图 238

我很高兴看到埃米尔·赫尼斯在宝翠玉植株中繁殖出了白花的播种苗。更精确地说，这种白色接近于娇嫩的白玫瑰。赫尼斯的原始植株来源于著名的比特方丹东南部的种群（第 208 页，图 239）。他的妻子朱迪思，和我一样喜欢善意的恶作剧，她提出这个"珍珠红"的名字，而在上流社会，形容红色一般会使用"处女红"。这个名字暗指这个品种珍珠般的叶子表面和红色的花瓣尖。

'光明石' 蛇纹玉　*L. herrei* 'Splendido'　第 209 页，图 243

这是皮乔内收藏的另一种尤物。蛇纹玉总是趋向于呈现绿色，并有着灰色、棕色或者粉色的色调，但在这个品种中，隐藏的色调开始逆转并出现在了表面上，使得它呈现出象牙色、黄绿色、钙色和绿色的综合色。它的花色也是色素缺乏的——蛇纹玉普遍的卵黄色的花色在这个品种中完全丢失。蛇纹玉有两种基本型——窗面型以及青苔型，显然，'光明石' 蛇纹玉是从后者演化而来的。

'太阳石'花纹玉的颜色看上去好像是被太阳暴晒后留下的棕色，但是起名者尼克·罗莱特（Nick Rowlette）则指的是它从播种开始的生长速度和强壮度。20 年前，新墨西哥州多肉研究中心开始提供源于罗莱特的这个杂交品种的种子，同时提供的还有由曲玉杂交而来的'镇魂石'园艺种（'Tailisman'）和由寿丽玉杂交而来的'丑石'园艺种（'Harlequin'）。

这是从布拉克方丹采集的原始植株在捷克共和国内选拔出来的。图中所示的三个植株在到达我这里的时候干瘪得像个红煎饼，然而它们活了下来并且变得丰满。但是，它们的颜色从来没有像捷克或者荷兰的植株照片中显示出的那么红，和很多园艺种一样，它们在夏天高温的洗礼下会严重褪色。尽管如此，许多培育者已经培育出拥有比原始植株更好颜色的植株了。

这个美丽的来自东方的品种却有着一个冗余的西方名字'酒神'（'Bacchus'）——泼洒紫色葡萄酒和放荡不羁之神。佐藤（Tony Sato）的'酒神'李夫人玉在西方国家非常流行，它在养殖难度、强健性和生长速度上表现得都很出色。现在已经有了很多类型：一种是大长腿，宛如踩在高跟鞋上的超级模特；一种是亮玫瑰粉色体色；还有一种是窗面带有浅色网格的，或者相反，完全无纹。

这个园艺种是从碧胧玉变种（Cole 75）中选拔出来的，由两株纹路特别出色的植株繁殖而来。其中一株来源于新墨西哥州的多肉研究中心，这个机构在 20 世纪 70 年代有很多科尔的原始植株，另外一株来源于埃德·斯托罗姆，他保存的科尔的原始植株也是来源于同一时代。两者的后代有着不同寻常的密集的棕色网纹——经线比纬线更多，我的贡献是通过一系列的回交努力得到了完全棕色的纹路。这是第一批"纹路园艺种"中的一个，通过稳定的强线纹，它可以从典型的 Cole 75 中轻易地辨别出来。

注意

从正统观念来看，园艺种的名字不会出现在变种的名字后面，而是直接跟在种的名字后面[1]。如：从广义上说，招福玉的园艺种正确写法应该是 *L. schwantesii* 'Nutwerk'。从狭义上说，它应该是碧胧玉（*urikosensis*）这个变种的园艺种，从更严格的意义说应该是 *nutupsdriftensis* 的园艺种，如果 *nutupsdriftensis* 这个变种存在的话，但是事实上，由于 *nutupsdriftensis* 线纹的多样性，这个变种的分类地位是无法确认的。在本书中，我采用了双重标准：在图片的标题上采用了编号，而在正文部分"不恰当"地使用了上述的 *L. schwantesii* var. *urikosensis* 'Nutwerk' 这个名字，因为这个名字可以提示这个园艺种起源的地区，变种或者亚种。对于这个新的分类和品种可以参考基斯·格林（Keith Green）（2007—2008）发表在《卡图斯世界》（*Catus World* 25:185-197; 26:21-27, 81-85）的关于生石花属的精彩的系列画册。

1　标题中的名字：*L. schwantesii* var. *urikosensis* 'Nutwerk'，园艺种名 'Nutwerk' 直接跟在了变种 var. *urikosensis* 后了。——译注

一个说明

杂交可以同时产生混乱、提供娱乐性和有用的信息。在我看来，大多数杂交体的主要问题是：杂交是否能带来自然种所无法轻易企及的视觉效果或者娱乐性？如果没有，那么就不必折腾了。

图 229. 小列岛玉—— 有这样的朋友，谁还需要猜
谜解闷？

图 230. 乐微玉变种，维瑟和哈默共同收集 —— 这
个变种并没有期待中那么光滑

图 231. 神秘玉——和它植根的岩石颜色一样灰

图 232.‘吕德斯海姆红宝石’日轮玉——炙热的比
萨烤炉般的砖红色

图 233.‘可爱凯蒂’日轮玉——就像石灰岩上的
莴苣那样绿

图 234. 光阳玉亚种，一个更具光泽的棕色型——
有点像在接受精神分析的大脑

图 235. '暗火'柘榴玉——就像摩擦两块煤炭产生的火焰

图 236. 柘榴玉"东方型"——介于东方的辉耀玉变种和西方的柘榴玉变种之间的种

图 237. '白色妖精'柘榴玉——花色甚至比东京的雪还要纯白

图 238. '绯红珍珠'宝翠玉——虽然开白花，但还是保留了隐匿在正常黄花下的玫瑰色

图 239. 宝翠玉变种，出自斯蒂克安姆斯卡拉尔公路，这是埃米尔选拔'绯红珍珠'宝翠玉的原始种群

图 240. '佐罗'丽虹玉——一个特别引人注目的类型

图 241. 丽虹玉（Cole 124），生石花属中一个难以置信地漂亮的种，顶上的破折号纹常常退化成点纹或云雾纹

图 242.'绿皂石'巴厘玉 ×'孔雀石'李夫人玉，这是用来检验绿色体色是不是会跨种遗传

图 243.'光明石'蛇纹玉——当它开花时，就像是隐藏在白色罩衫下的绿色心脏（白花绿体）

图 244. 蛇纹玉（母本）×'红大内'大内玉（父本）——'红大内'的花粉导致了惊人的一边倒的结果：100% 的蛇纹玉的灰色体色消失了，但是它们的花瓣 100% 都是黄色的

图 245. 寿丽玉亚种"深色型"（C63B），有面积更大、更加连续的棕色斑块

图 246.'红砖'花纹玉，亮红色的类型

图 247. '红砖'花纹玉，橘色的类型

图 248. '太阳石'花纹玉——无论是否置于阳光下，眼睛都不大可能聚焦于这些"雾气朦胧的"岛状纹理

图 249. 紫褐紫勋玉变种，从兰德方丹附近采集的种子培育。C204 是一个更红的类型

图 250. 茧形玉变种，这是从特里布纳收藏品中得到的一种玫瑰红色的类型

图 251. 瑙琳玉，一种没有棕色斑点的类型，它拥有小型的岛状纹理

图 252. '红橄榄'橄榄玉，一个异常出色的、比樱桃色浅的品种

图 253. 棕橄榄玉变种，生长在阳光难以触及的地方，没有晒成棕色

图 254. '捷克石榴石'大津绘玉，它有石榴汁的颜色，并使大津绘玉这个种变得更加生动

附录1：生石花的奇幻故事

关于一个流行的属总会有一些奇幻的故事。一些是关于植物本身的传闻，一些是关于有怪癖的收集者的传闻［如 M. 格兰德、弗拉伊·N. 伯恩（Frai N. Burn）和瓦迪里亚·拉尔瓦森（Vadulia Larvason）］，还有一些是关于植物永远不会死去的难以置信的伊甸园似的栖息地的传闻。一些传闻无法被证实，而有一些传闻如果有人愿意花时间去考证的话可以被证实。这些恰好被证实的线索可以启迪其他人（如，假设范德·韦斯图伊曾博士发现了朝贡玉，那么她是否留下了关于这些的日记？），而那些没有被证实的传闻亟待人们去证实。在这个附录中将讲到四个传闻。也许关于人的传闻比关于植物的传闻还要多，毕竟植物学是人类创立的。

1. 乔西·伯兰特夫人，一位来自格里夸镇的天生的博物学家，生活在格里夸镇附近的农场上（"附近"，在这里是指仅仅隔了一条马路，少于 19 个门牌号，中间也没有巨石隔开）。在她继承父亲的衣钵之前，她的父亲就拥有一片农场，父女二人有一个共同的爱好，即生石花。日轮玉在这片农场上很常见，并且很容易找到，但是乔西的父亲曾经告诉过她这片农场上有另外一种日轮，一种"绿色的生石花"，并给她指引了他找到这些植株的方向。这个绿色的植株启迪了乔西，她曾经沿着农场走了许多公里的路去寻找，但是只找到棕色或者红色面部的日轮玉，总是找不到绿色的。这些难以找到的绿色的日轮玉究竟是什么？它是日轮玉的一种确实的突变，还是在其他地方常见的种的离群？（如李夫人玉分布在农场东南 100 公里处，或者大宝玉变种分布在农场东边 50 公里处，但是上述两种常见的种群都不是绿色的。）抑或是"绿牛蹄子"踩出来的？

2. 米亚斯·肯尼迪是我在帕尔镇的一个朋友，他有丰富的生石花收藏，最近他才离开这些漂亮的生石花，开始退休生活。我常常羡慕他的生石花养殖盆，在那些盆里种满了很多纯种的老株。但是在一个角落里，有一些奇怪的、灰色的、截形的植株，我不能将它们归类。我向他询问这些植株，然后他给我解释了它们带来困扰的原因。他是在布什曼兰德从一个农民手上拿到这些植株，这个农民将它们种植在他的门廊上（样子像美梨玉！）。它们是本地种吗？当然是，但是具体到某一个区域时，那个农民表示不确定，另外所有有关这个种确认的努力都没有成功。如果没有那些可以确认这个种是臼典玉的另一个未被描述过的变种的数据（他们怀疑是臼典玉的变种），那么，光有植物，也是没有用处的。奇怪的是，这些植株和1978年切斯特·达格代尔给我的一些臼典玉杂交种很像。米亚斯·肯尼迪收集的那种植株是不是也是杂交的？另外提一下和这个谜团无关的事：罗尼·优吉斯告诉我他最近的一些进展，即一种新发现的、无 Cole 编号的种群。它们是一些强健的、令人惊奇的、混合了见霓玉亚种和传法玉亚种血缘的植物。

3. 斯特凡努斯·文特是研究南非德兰士瓦省植被的专家，曾经两次告诉我关于在北开普省发现的一个奇怪的生石花。它是被一个农民发现的，这个农民认识紫勋玉，并且坚持这个新发现的生石花不是紫勋玉。它当然有可能是彩妍玉，彩妍玉的栖息地比较隐秘，但是它典型的栖息地在更东边的区域。可以肯定的是，在北开普存在着两种生石花，但是毫无疑问，这个未知的生石花植物在一定程度上提示着可能存在第三种生石花。不可否认的是，我经常被叫去鉴别"生石花"，往往很多时候这些所谓的"生石花"是回欢草属、帝玉属、银叶花属，但是在这个例子中，这个农民确实认对了属。对于这片土地是足够幸运的，有很多农民对他们那边的植株有着浓厚的兴趣，他们对那些异乡的、怀有同样浓厚兴趣的人提供了非比寻常的帮助。

4. 我常常梦到生石花。在一个梦中，有人给我吃一种像食人族甜点一样的晶体化的生石花，很恐怖，我拒绝了。在后来持续了一个星期的一系列的梦中，我的生石花在每个梦中都逐渐变薄直到最后变成邮票一样。在最后的梦里，它们确实变成了邮票，精美的蚀刻，明亮的颜色，并配有时髦的名字。每一枚邮票都被单独地放在有标签的抽屉里，这些抽屉被放在由 36 个格子组成的木柜里。我不知道科尔是否也梦到过生石花，但是当读到他对传法玉亚种（Cole 1972）被重新发现的评论时，我发现他也有和我一样的梦境。他用到"爱的直觉"这个词。埃米尔·赫尼斯是开普敦著名的种植者，总是幻想我能找到有毛发的、开黑色花的生石花。如果我找到这样的生石花，我一定给它取名叫 L. *"heunisii"*[1]。另外提一句，新鲜的生石花尝起来比你想象的更让人作呕。

1　即以赫尼斯的名字命名。——译注

附录 2：答疑专栏

这些问题是在 1998 年我的一些访谈中提出的，这里我将对这些问题做一些非正式的回答。所有问题未在正文中涉及，故集中在这一附录。

问：为什么有些生石花会不开花？在我的生石花中，有 4 个都很欢快地开花了，但是第 5 个从来不开花。这 5 个生石花都是一样的年龄，一样健康，并有同样的科尔编号。

答：在大多数生石花收集中都会找到不开花的个体。一些是隔一年再开花，一些植物则从来不开花，当然不是因为羞涩。这可能是因为过度拥挤或者微小的失衡。我的一个品相最好的'孔雀石'李夫人玉过了 8 年才开花。这不是因为生长阻滞，它在三年株龄时体形已经很大了，但是一旦它开始开花，每年都会开花。而且，每一年它开花都比同品种要早，这让我疑惑究竟这些植物的生物钟是怎么运作的。

问：生石花的俗名有哪些？

答：Beeskloutjies（意思为小动物的蹄子）；oogies（意思为小眼睛，取现在使用的希腊语名字"Lith+ops"，即"石头 + 眼睛"的意思的一半）；Hottentottenpopos（德语中的 Hottentot+backsides，名字和郭伊桑部落女子普遍的肥臀有一定的联系）。

Jerry plant（虽然这个词更多的是指质地更加柔软的肉锥属，但是一些分不清肉锥属和生石花属的农民常常将这些球形的"属"都叫这个名字）。

Living stones（活着的石头，这个名字不需要解释了）。

Living stone catus（这个名字的逻辑是所有多肉植物都是"仙人掌"）。

问：一株生石花能一次分至三头吗？

答：能，但是罕见。分成两头是普遍模式，在枯萎的花剑的两边各分布一个。

问：为什么一些生石花会长得很高？我的大部分生石花都是紧凑的，但是有一些却伸长了脖子。

答：这是一个很普遍的现象，而且比较难解决。你可以将生石花移栽，并将它埋得深一点。但是这有点像烤面包机中的面包一样，在烤完后立刻弹出，对生石花也一样，很快又会长高。或者你可以将生石花砍头去掉一部分组织，这会降低下一个季节大量存在的老叶的营养吸收量，从而减少生长量，达到防止徒长的目的。然而有一些种天生就容易徒长，比如青磁玉。

问：我的生石花两片叶子大小不均衡，这正常吗？

答：人脸也经常不对称，不需要过度关注。

问：我需要给生石花施肥吗？这危险吗？

答：除非生石花生长在完全无肥的介质中（这种情况下生石花也不会活太久），我们一直都在给生石花施肥。正确的问法应该是：我们是否应该补充植物在任何情况下都能从中吸收的养分？简单的回答就是：是，应该补充肥料。如果给予足够的光照，它们会吸收养分但不会过度，我们不想要肥胖的体形，就像热衷于健身塑形的法国人所说的那样——健康的丰满。你可能会觉得给生石花肥料很浪费，因为生石花对养分的需要很少，但是施肥可能会提高你的生石花的开花质量。我自己每隔两周或者更长时间用稀释的肥料给生石花喷雾，这让我感觉良好。一些新生的植物需要补充硅，对于这一点已经有说服力的论据了。

问：我的一些植物在侧面长了一些丘疹般的绿色突起，这是我移盆的时候看到的，它有传染性吗？

答：没有，虽然这些丘疹很容易出现在生石花的侧面，但是它们是无害的。如果你没有使用一些老的书中推荐的尽量将生石花升高种植的方法[1]，那么它们甚至看不到。水肥过多可能是这些丘疹的罪魁祸首，水分和肥料过多的共同作用就是使得生石花变得臃肿，这在一些软皮的番杏科植物如舌叶花属（glottiphyllums）中最常见。

问：在生石花根部出现的白色的脏东西是什么？

答：如果你是指那些粉状的、有着辛辣气味的寄存在根部的东西，那是真菌，它们似乎是无害的。如果你是指那些白色包裹的粉状的虫子，那么你应该要注意了。这时你可以用热水（70℃，158°F）快速地将这些虫子洗掉，然后将根部浸入乙醇中——但是要注意，干燥的生石花植株的根和皮容易吸收乙醇并受到致命的伤害。在浸过乙醇后，我会将它们再次快速地浸一下热水。

问：我的生石花新头过早地伸出：新头在冬天从侧面低位破皮而出。

答：这样的分头是尴尬的——想象一下巨大的（雅典娜）女神从宙斯的前额出生时[2]，宙斯是什么感受——但是这不是致命的。这常常是提示给水过多或者环境过度潮湿。然而，有时候，新头会莫名其妙地突然膨大，我也不知道是什么原因导致了这样的结果。老叶最终还是会被吸收，但是你应该对那些可能出现这种分裂方式的植物少浇水／肥，因为这个问题的出现常常是慢慢造成的。

问：有些生石花是两年开一次花吗？

答：是的。有一些生石花会"休假"。它们在春天很好地生长，夏天看起来也不错，但是秋天却不开花，冬天也不蜕皮。到了第二年春天，它们又活跃起来，然后

1　即将生石花高于土壤表面种植，尽量暴露分生组织。——译注
2　希腊神话中雅典娜女神是从宙斯的前额诞生。——译注

在第二年的秋天正常开花。开花后必然的就是蜕皮，长出新叶。一年开两次花也是有可能的，如生石花在早夏开花，然后在冬天又开一次花，但是这大多数发生在你不尊重生石花的生长规律，将它们置于过热的温室中产生的。正常的蜕皮应该是一年一次。

问：对于生石花上的盐渍该如何处理？因为它影响到了观赏。

答：这很困难，因为有些植物和有些组分会发生一些成盐反应。然而，你可以尝试用蒸馏水（或者雨水）喷雾来去除它们，或者你可以在水中加入表面活性剂，表面活性剂会破坏盐的沉淀。在之后的浇水都采用从底下浸盆的方式也有助于这个问题的解决。当然盐渍的消失只是一个时间问题，但是如果你想欣赏无瑕的植株，那么还不如改变你的想法，去接受一些瑕疵——这对我而言是一个好的方法。

问：我的一些生石花会在一排上开两次花，或者同时开两朵一样的花。为什么有些人说这不可能发生？

答：人们说过很多话（靠谱或者不靠谱），但是生石花形成花束确实不常见。有时，新形成的头会提前在龙骨上开花，新头的花朵和母体的花朵在同一个裂缝区伸出。一些双花，确实是"双胞胎"——两个花梗挨在一起，这两朵花都是来源于同一对苞叶，事实上也就是从一个整体的头出来的。

问：为什么我的生石花一年中的颜色会不同？

答：生石花确实会在一年中呈现不同的颜色，具体的原因我也不清楚。但温度肯定有影响，因为诺姆·丹尼斯养殖的生石花比我的生石花有更好的颜色，他的生石花经常在冬季接受一定程度的霜冻，而我的生石花则生长在更温暖的650公里以南的地方。同样，生长在英国的'红大内'大内玉比生长在美国加利福尼亚南部的有着更好的颜色，虽然在加利福尼亚南部开花比英国更加容易。如果我这里有一个特别温暖或者特别凉爽的年份，我想下一年的生石花的颜色也会有所不同。无论如何，生石花在一年中的春天和秋天的颜色不同。春天的颜色是最新鲜和最明亮的，夏天是最灰暗的。秋天，生石花的颜色又会恢复一点生气，有时甚至会更艳丽，然而开花会弥补所有的褪色。在冬天，植株颜色会变得很差，很凄凉，半衰退的，或者无色的。这时我会尽量不去看它们。我偶尔只是为了避免灾难性事故才去看一下它们。

问：我的一些生石花在移盆后不长新根。它们仅仅是摆在泥土上。

答：好吧，生石花永远都是"摆"在泥土上的，但是你说的那种完全停滞的状态是危险的。这种情况常常发生。你可以尝试使用生根粉或者许多硫胺素中的一种（它们确实有帮助），或者使用生根床，这是简·埃文给我的建议。她将群生的簇丛分拆后，分别将各个头放入由轻石组成的苗床中，每天自动喷雾 2~3 次。两个星期后，这些植株都生新根了！她生活在图森[1]，这不是一个寒冷的地方。在其他的气候带，如果有一个能加热的喷雾苗床会更有效率。

问：是什么吸引人们爱上生石花？我丈夫说它们都长着一副单调的样子，但是我觉得很好看。

答：你的丈夫对生石花的颜色和纹理没有像你那么感兴趣。他对什么感兴趣？想象的空间是无限的。想想吕克霍夫博士说过的话：生石花属种间差异"不会很大"。通过"不会"这个词我们可以看出生石花种与种之间在颜色和形状上有一定的相似性，因为生石花太小了，可供大自然雕琢的空间是受限的。生石花是如此微小的一种生物，但是在如此小的空间里，它们表现出了惊人的色调和细节，正是这个吸引了我。就像布雷肯里奇女士说的一样，想象的空间有多大，它们就有多美！

1　位于美国亚利桑那州南部。——译注

附录 3：海伦玉简史

海伦玉（*L. halenbergensis* Tischer，1932）曾经被归于古典玉这个分类下。尼尔对这样的分类的解释是它们的起源和花色相似。但是科尔（1988）对这个分类持强烈的保留意见。蒂舍尔的植株有着类似于福寿玉亚种的很好的线纹，而福寿玉亚种和显然开黄花的古典玉生长在一起——通常在黄花生石花中，偶尔有些会失去花色（如 '白化' 紫勋玉），但是在古典玉中至今没有找到白化变体[1]。因此，我猜测，蒂舍尔描述的植株是一个天然的杂交种：福寿玉亚种 × 古典玉——父本中古典玉黄花的基因相对母本的白花基因呈现显性遗传。另外我还猜测这个种可以产生一个杂交的生态群，因为艾伯兰兹至少两次收集到了这个种。图 255 和图 256 显示了巴特收集的海伦玉。显然它们不是纯种的古典玉！

根据威廉·特里布纳的说法，古典玉和福寿玉亚种一起生长在科沃斯伯格（Kovisbergen）和哈莱伯格（Ha[a]lenbergen）（在施万特斯 1957 年的书中第 227 页提到过）。虽然这两种生石花的栖息地很近，相隔仅几公里，可是我从来没有看到过它们一起 "共度良宵"（这里借用了托马斯·哈代令人印象深刻的修辞法）。但是特里布纳大范围的搜寻结果似乎是可信的。科尔也没有见过海伦玉，因此这个种从来没有出现在他们的种子清单中。

图 255 和图 256. 海伦玉，巴特编号的 L66，也就是蒂舍尔所谓的那个类型

---

1 正是因为古典玉从来不出现白花，所以它的黄花基因非常强大，这也是作者后文中解释 *L. halenbergensis* Tischer 开黄花的原因。——译注

我尝试过使用上述我假定的亲本进行杂交实验，即古典玉 × 福寿玉亚种，但是得到了一些平坦的、几乎无点纹的、没有线纹的、非常浅色的古怪的植株——这不是我希望得到的那种植株，但可以肯定的是，它不是普通的古典玉。对于福寿玉亚种 × 古典玉的授粉我遇到了一些困难，失败的主要原因是父本的花期通常要晚于母本，这通常导致了母本的未受孕。今后如果机缘凑巧，我会做更多的尝试。（番杏的繁殖常常导致另一个你不希望的结果，即一种负面的影响。）

附录 4.1：生石花概表

这样的排列方式具有一定的提示意义。在这个列表中，生石花的学名形成短小的或者庞大的分隔块。从这些分隔块的大小，我们可以大致看出它们是广泛分布的，还是局限分布的。*L. optica*、*L. halii*、*L. salicola* 和 *L. vallis-mariae* 是主要的例外。[1]

L. aucampiae subsp. *aucampiae* var. *aucampiae*
L. aucampiae subsp. *aucampiae* var.*koelemanii*
L. aucampiae subsp. *euniceae* var. *euniceae*
L. aucampiae subsp. *euniceae* var.*fluminalis*

L. bromfieldii var. *bromfieldii*
L. bromfieldii var. *glaudinae*
L. bromfieldii var. *insularis*
L. bromfieldii var. *mennellii*

L. coleorum

L. comptonii var. *comptonii*
L. comptonii var. *weberi*

L. dinteri subsp. *dinteri* var. *dinteri*
L. dinteri subsp. *dinteri* var. *brevis*
L. dinteri subsp. *frederici*
L. dinteri subsp. *multipunctata*

L. divergens var. *divergens*
L. divergens var. *amethystina*

L. dorotheae

L. francisci

L. fulviceps var. *fulviceps*
L. fulviceps var. *lactinea*

L. gesineae var. *gesineae*
L. gesineae var. *annae*

L. geyeri

L. gracilidelineata subsp. *gracilidelineata*
    var. *gracilidelineata*
L. gracilidelineata subsp. *gracilidelineata*
    var. *waldroniae*
L. gracilidelineata subsp. *brandbergensis*

---

1 分隔块大指对应种的亚种或变种较多，相应地分布也较少。这里的四个是例外，虽然只占一行或两行，但却是广布的。

L. hallii var. *hallii*

L. hallii var. *ochracea*

L. helmutii

L. herrei

L. hookeri var. *hookeri*

L. hookeri var. *dabneri*

L. hookeri var. *elephina*

L. hookeri var. *lutea*

L. hookeri var.*marginata*

L. hookeri var. *subfenestrata*

L. hookeri var. *susannae*

L. julii subsp. *julii*

L. julii subsp. *fulleri* var. *fulleri*

L. julii subsp. *fulleri* var. *brunnea*

L. julii subsp. *fulleri* var. *rouxii*

L. karasmontana subsp. *karasmontana* var. *karasmontana*

L. karasmontana subsp. *karasmontana* var. *aiaisensis*

L. karasmontana subsp. *karasmontana* var. *lericheana*

L. karasmontana subsp. *karasmontana* var. *tischeri*

L. karasmontana subsp. *bella*

L. karasmontana subsp. *eberlanzii*

L. lesliei subsp. *lesliei* var. *lesliei*

L. lesliei subsp. *lesliei* var. *hornii*

L. lesliei subsp. *lesliei* var. *mariae*

L. lesliei subsp. *lesliei* var. *minor*

L. lesliei subsp. *lesliei* var. *rubrobrunnea*

L. lesliei subsp. *lesliei* var. *venteri*

L. lesliei subsp. *burchellii*

L. localis

L. marmorata var. *marmorata*

L. marmorata var. *elisae*

L. meyeri

L. naureeniae

L. olivacea var. *olivacea*

L. olivacea var. *nebrownii*

L. optica

L. otzeniana

L. pseudotruncatella subsp. *pseudotruncatella* var. *pseudotruncatella*

L. pseudotruncatella subsp. *pseudotruncatella* var. *elisabethiae*

L. pseudotruncatella subsp. *pseudotruncatella* var.*riehmerae*

L. pseudotruncatella subsp. *archerae*

L. pseudotruncatella subsp. *dendritica*

L. pseudotruncatella subsp. *groendrayensis*

L. pseudotruncatella subsp. *volkii*

L. ruschiorum var. *ruschiorum*

L. ruschiorum var. *lineata*

L. salicola

L. schwantesii subsp. *schwantesii* var. *schwantesii*

L. schwantesii subsp. *schwantesii* var. *marthae*

L. schwantesii subsp. *schwantesii* var. *rugosa*

L. schwantesii subsp. *schwantesii* var. *urikosensis*

L. schwantesii subsp. *gebseri*

L. vallis-mariae

L. verruculosa var. *verruculosa*

L. verruculosa var. *glabra*

L. villetii subsp. *villetii*

L. villetii subsp. *deboeri*

L. villetii subsp. *kennedyi*

L. viridis

L. werneri

附录 4.2: 精简的异名

一些异名还在小范围地被使用，如 *L. pillansii* L. Bolus=*L. rushiorum*，这些异名的产生主要是一些历史原因。另外的一些异名现在仍然在流通，这得益于发现这个种群新颜色或者新类型的人，如 *L. schwantesii* "triebneri"，*L. lesliei* var. *venteri* "maraisii" [1]；或者仅仅是因为有些正式的名字没有被广为所知。确实，相对而言，这个属只有少量异名。大多数现存的种只被描述过一次，但是有很多种的名字在不停地变动 [2]，拉丁名中的圆括号给出了这个种的名字变动的线索。与异名数量繁多、层次多样的肉锥属相比，生石花属的异名是相对稀少的。肉锥属的异名就好比是厨房中繁忙的厨师手上的数量众多的调料品，只有厨师自己才知道哪个是哪个。肉锥属的异名也只有发现者才是最清楚的，如布朗（Brown）、波卢斯（Bolus）、施万特斯（Schwantes）和蒂舍尔（Tischer）。我没有列出所有的异名组合和所有的其他拼法的变体，如 *L. karasmontana* var. *summitata* de Boer & Boom；具体的细节可以参考科尔 1988 年的书。同样，在科尔 1988 年的书中也引用了很多没有发表的和错乱的名字，如我们可以看到 *L. erniana* "wetgutensis" 被神奇地变成了 "witputzensis"。

Nomen mudum，即裸名 [3]，是指没有经过拉丁化的名字。

1　*L. schwantesii* "triebneri" 通常用来代称芥末色体色的类型，*L. lesliei* var. *venteri* "maraisii" 通常代称褐色顶部的类型。名字的流通得益于发表的人。——译注

2　比如有些种从变种升级到亚种，或者从亚种变成变种，诸如此类。——译注

3　Nomen mudum=naked name，即裸名，一个已经发表的名称，对其适用的分类群（taxon）无任何定义、描述或说明，因而在命名法中无分类地位。——译注

L. aucampiae L. Bolus subsp. *aucampiae*
var. *aucampiae*

L. aucampiae subsp. *aucampiae* var.
koelemanii (de Boer) Cole
=*L. koelemanii* de Boer

L. aucampiae subsp. *euniceae* (de Boer)
Cole var. *euniceae*
=*L. aucampiae* var. *euniceae* de Boer

L. aucampiae subsp. *euniceae* var. *fluminalis* Cole
=*L. aucampiae* var. *fluminalis* Cole

L. bromfieldii L. Bolus var. *bromfieldii*

L. bromfieldii var. *glaudinae* (de Boer) Cole
=*L. glaudinae* de Boer

L. bromfieldii var. *insularis* (L. Bolus) Fearn
=*L. insularis* L. Bolus

L. bromfieldii var. *mennellii* (L. Bolus) Fearn
=*L. mennellii* L. Bolus

L. coleorum S. A. Hammer & R. Uijs

L. comptonii L. Bolus var. *comptonii*

L. comptonii var. *weberi* (Nel) Cole
=*L. webberi* Nel

L. dinteri Schwantes subsp. *dinteri* var. *dinteri*

L. dinteri Schwantes subsp. *dinteri* var.
brevis (L. Bolus) Cole
=*L. brevis* L. Bolus

L. dinteri subsp. *frederici* (Cole) Cole
=*L. dinteri* var. *frederici* Cole

L. dinteri subsp. *multipunctata* (de Boer) Cole
=*L. dinteri* var. *multipunctata* de Boer

L. divergens var. *divergens* L. Bolus

L. divergens var. *amethystine* de Boer

L. dorotheae Nel
=*L. eksteeniae* L. Bolus

L. francisci (Dinter & Schwantes) N. E. Br
=*M. francisci* Dinter & Schwantes

L. fulviceps (N. E. Br) N. E. Br var. *fulviceps*
=*M. fulviceps* N. E. Br
=*L. lydiae* Jacobsen n.n

L. fulviceps var. *lactinea* Cole

L. gesineae de Boer var. *gesineae*

L. gesineae var. *annae* (de Boer) Cole
=*L. annae* de Boer

L. geyeri Nel
=*L. hillii* L. Bolus

L. gracilidelineata Dinter subsp.
gracilidelineata var. *gracilidelineata*
=*L. streyi* Schwantes

L. gracilidelineata subsp. *gracilidelineata*
var. *waldroniae* de Boer

L. gracilidelineata subsp. *brandbergensis*
(Schwantes ex de Boer) Cole
=*L. pseudotruncatella* var.
brandbergensis Schwantes ex de Boer

L. hallii de Boer var. *hallii*
=*L. salicola* var. *reticulata* de Boer

L. hallii var. *ochracea* (de Boer) Cole

L. helmutii L. Bolus

L. herrei L. Bolus
=*L. herrei* var. *plena* L. Bolus
=*L. translucens* L. Bolus

L. hookeri (Berger) Schwantes var. *hookeri*
=*M. hookeri* Berger
=*M. truncatellum* sensu Hook. fils non Haw.
=*L. aurantiaca* L. Bolus
=*L. turbiniformis* sensu N. E. Br. non Haw.,
non Burchell

L. hookeri var. *dabneri* (L. Bolus) Cole
=*L. dabneri* L. Bolus

L. hookeri var. *elephina* (Cole) Cole
=*L. turbiniformis* var. *elephina* (Cole) Cole

L. hookeri var. *lutea* (de Boer) Cole
= *L. hookeri* var. *lutea* de Boer

L. hookeri var. *marginata* (Nel) *Cole*

=*L. marginata* Nel

L. hookeri var. *subfenestrata* (de Boer) Cole

=*L. turbiniformis* var. *subfenestrata* de Boer

=*L. turbiniformis* var. *brunneo-violacea* de Boer

L. hookeri var. *susannae* (Cole) Cole

=*L. turbiniformis* var. *susannae* Cole

L. julii (Dinter & Schwantes) N. E. Br. subsp. *julii*

=*M. julii* Dinter & Schwantes

=*L. chrysocephala* Nel

=*L. julii* var. *littlewoodii* de Boer

=*L. julii* var. *pallida* Tischer n.n.

=*L. julii* var. *reticulate* Tischer ex de Boer

=*L. lacteal* Schick & Tischer

L. julii subsp. *fulleri* (N. E. Br) Fearn var. *fulleri*

=*L. fulleri* N. E. Br

=*L. fulleri* var. *tapscottii* L. Bolus

=*L. maughanii* N. E. Br.

L. julii subsp. *fulleri* var. *brunea* de Boer

=*L. fulleri* var. *brunnea* de Boer

L. julii subsp. *fulleri* var. *rouxii* (de Boer) Cole

=*L. julii* var. *rouxii* de Boer

L. karasmontana (Dinter & Schwantes) N. E. Br.
subsp. *karasmontana* var. *karamontana*

=*M. karasmontanum* Dinter & Schwantes

=*M. damaranum* N. E. Br.

=*L. damarana* (N. E. Br.) N. E. Br.

=*L.* Jacobsen*iana* Schwantes n.n.

=*L. lateritia* Dinter

=*L. mickbergensis* Dinter

=*L. opalina* Dinter

=*L. summitatum* Dinter

L. karasmontana subsp. *karamontana*
var. *aiaisensis* (de Boer) Cole

=*L. erniana* var. *aiaisensis* de Boer

L. karasmontana subsp. *karasmontana*
var. *tischeri* Cole

=*L. fossulifera* Tischer n.n.

L. karasmontana subsp. *karamontana*
var. *lericheana* (Dinter & Schwantes) Cole

=*M. lericheanum* Dinter & Schwantes

L. karasmontana subsp. *bella* (N. E. Br.) Cole

=*M. bellum* (N. E. Br.) Dinter

〔这个已经无效的命名是布朗创建生
石花属后的一年进行的〕

=*L. bella* N. E. Br.

L. karasmontana subsp. *eberlanzii*
(Dinter & Schwantes) Cole

=*M. eberlanzii* Dinter & Schwantes

=*L. eberlanzii* (Dinter & Schwantes) N. E.Br.

=*L. bella* var. *eberlanzii* (Dinter & Schwantes)
de Boer & Boom

=*L. edithiae* N. E. Br.

=*L. erniana* Tischer ex Jacobsen

=*L. erniana* var. *witputzensis* de Boer

L. lesliei (N. E. Br.) N. E. Br. subsp. *lesliei*
var. *lesliei*

=*M. lesliei* N. E. Br.

=*M. ferrugineum* Schwantes

=*L. lesliei* var. *luteoviridis* de Boer

L. lesliei subsp. *lesliei* var. *hornii* de Boer

L. lesliei subsp. *lesliei* var. *mariae* Cole

L. lesliei subsp. *lesliei* var. *minor* de Boer

L. lesliei subsp. *lesliei*
var. *rubrobrunnea* de Boer

L. lesliei subsp. *lesliei*
var. *venteri* (Nel) de Boer & Boom

=*L. venteri* Nel

=*L. lesliei* var. *maraisii* de Boer

L. lesliei subsp. *burchellii* Cole

L. localis (N. E. Br.) Schwantes

=*M. localis* N. E. Br.

=*L. peersii* L. Bolus

=*L. terricolor* N. E. Br.

L. marmorata (N. E. Br.) N. E. Br. var. *marmorata*

=*M. marmoratum* N. E. Br.

=*L. diutina* L. Bolus

=*L. framesii* L. Bolus

=*L. umdausensis* L. Bolus

L. marmorata var. *elisae* (de Boer) Cole

= *L. elisae* de Boer

L. meyri L. Bolus

L. naureeniae Cole

L. olivacea L. Bolus var. *olivacea*

L. olivacea var. *nebrownii* Cole

L. optica (Marloth) N. E. Br.

=*M. opticum* Marloth

=*L. elevata* L. Bolus

=*L. rubra* (Tischer) N. E. Br.

［如果将之考虑为种的地位的话！］

L. otzeniana Nel

L. pseudotruncatella (Berger) N. E.Br.

subsp. *pseudotruncatella* var. *pseudotruncatella*

=*M.pseudotruncatellum* Berger

=*L. alpine* Dinter

=*L. mundtii* Tischer

=*L. pseudotruncatella* var. *alta* Tischer

L. pseudotruncatella subsp. *pseudotruncatella*

var. *elisabethiae* (Dinter) de Boer & Boom

=*L. elisabethiae* Dinter

L. pseudotruncatella subsp. *pseudotruncatella*

var. *riehmerae* Cole

=*L. edithiae* N. E. Br. sensu Schwantes

L. pseudotruncatella

subsp. *archerae* (de Boer) Cole

= *L. archerae* de Boer

L. pseudotruncatella subsp. *dendritica* (Nel) Cole

=*L. dendritica* Nel

=*L. farinosa* Dinter n.n.

=*L. pseudotruncatella*

[var.] *pulmonuncula* Dinter n.n.

［这是丁特尔应用三命名法发表的没有分级的名字；也许他受到了 1923 年末那些没有价值的、超级缩水的德国马克的影响（1923 年，德国马克急剧贬值，文中指命名也缩水了。——译

注），后来施万特斯介入，并在曲玉下引入了一个无效的同名亚种（之所以说无效，是因为这个亚种和瑞光玉亚种是不同的）。事实上，后者以及它们中间状态的植株，无论在栖息地还是特征上都是不同的。］

L. pseudotruncatella subsp. *groendrayensis*

(Jacobsen) Cole

= *L. pseudotruncatella*

var. *groendrayensis* Jacobsen

=*L. vallis-mariae*

var. *groendrayensis* (Jacobsen) de Boer

L. pseudotruncatella subsp. *volkii*

(Schwantes ex de Boer & Boom) Cole

= *L. volkii* Schwantes n. n.

=*L. pseudotruncatella* var. *volkii*

Schwantes ex de Boer & Boom

L. rushiorum (Dinter & Schwantes) N. E. Br.

var. *ruschiorum*

=*M. ruschiorum* Dinter & Schwantes

=*L. nelii* Schwantes

=*L. pillansii* L. Bolus

=*L. ruschiorum*

subsp. *stiepdelmannii* Schwantes

L. rushiorum var. *lineata* (Nel) Cole

=*L. lineata* Nel

L. salicola L. Bolus

L. scheantesii Dinter subsp. *Schwantesii*

var. *schwantesii*

=*L. gulielmi* L. Bolus

=*L. kuibisensis* Dinter ex Jacobsen

=*L. triebneri* L. Bolus

L. schwantesii subsp. *schwantesii*

var. *marthae* (Loesch & Tischer) Cole

=*L. marthae* Loesch & Tischer

=*L. inornata* Dinter n. n.

L. schwantesii subsp. *schwantesii*

var. *rugosa* (Dinter) de Boer & Boom

=*L. rugosa* Dinter

L. schwantesii subsp. *schwantesii*
  var. *urikosensis* (Dinter) de Boer & Boom
    =*L. urikosensis* Dinter
    =*L. christinae* de Boer
    =*L. kunjasensis* Dinter
    =*L.* Schwantes*ii* var. *nutupsdriftensis* de Boer

L. schwantesii subsp. *gebseri* (de Boer) Cole
    =*L. schwantesii* var. *gebseri* de Boer

L. vallis-mariae (Dinter & Schwantes) N. E. Br.
    =*M. vallis-mariae* Dinter & Schwantes
    =*L. vallis-mariae* var. *margarethae* de Boer

L. verruculosa Nel var. *verruculosa*
    =*L. inae* Nel

L. verruculosa var. *glabra* de Boer

L. villetii L. Bolus subsp. *villetii*

L. villetii subsp. *deboeri* (Schwantes) Cole
    =*L. deboeri* Schwantes

L. villetii subsp. *kennedyi* (de Boer) Cole
    =*L. fulleri* var. *kennedyi* de Boer

L. viridis H. Lückhoff

L. werneri Schwantes & Jacobsen

附录 4.3: 年代表

根据生石花属各个种、亚种和变种的发表时间来制作年代表很有意思。这也基本反映了生石花属各个种的发现时间，因为发现和发表之间的间隔往往很短。早期发现的种，即 1925 年前的，已经被广泛地传播和种植，因自然分布狭窄，珍稀种多是新近发现的。从此年代表可以看出，不同年代，重视生石花的地区不同，20 世纪 40 年代在南非，20 世纪五六十年代在荷兰，20 世纪七八十年代又回到南非。

下表中珍稀者以 * 标记。

1821

Mesembryanthemum turbiniforme Haw. =
[*M.turbiniforme* Burchell (1822)]
注意: 这个命名是基于布西尔的采集成果。可能就是现在的日轮玉（*L. aucampiae*），采集于普里斯卡东南部某处。布西尔手绘中分开的裂缝区域，让我想到这可能为日轮玉；同时，科尔笔记对这个植物类型的描述也提示了它应该就是日轮玉。

不管怎样，布西尔在看到这些植株后立刻就将这些植株归于日中花科（Mesembryanthemaceae）是令人佩服的。如果布西尔看到花和果实，像他这样经验丰富的人应该会有所记录。事实上，他是在 1811 年 9 月 14 日发现这些植株的，花期早已经过去了。

1874

M. hookeri（1871~1908）

1908

M. pseudotruncatellum

1910

M. opticum

1912

M. lesliei

1914

M. fulviceps（6 月）

1920

M. karasmontanum（3 月）

M. localis（7 月）

M. marmoratum（7 月）

1922

L. bella（2 月）

1925

M. (L.) francisci（1 月）

M. (L.) julii（3 月）

M. (L.) eberlanzii（3 月）

M. (L.) lericheanum（3 月）

M. (L.) ruschiorum（3 月）

M. (L.) vallis-mariae（3 月）

注意：所有 1925 年前发表的种都有一个奇怪的格式：Dinter & Schwantes *Mesembryanthemum*（*Lithops*）；这个令人困惑的中间态的命名的产生是由于发现者们对于这些植株是属于日中花属还是生石花属有两种不同的意见。

1927

L. fulleri（1 月）

L. dinteri（10 月）

1928

L. gracilidelineata

*L. rugosa**

L. schwantesii

L. urikosensis

1929

L. olivacea（6 月）

1930

L. comptonii（7 月）

1932

L. meyeri（4 月）

L. brevis（6 月）

L. herrei（6 月）

L. vanzylii（6 月）[=*Dinteranthus vanzylii* (L. Bolus) *schwantes*]

L. aucampiae（11 月）

1933

L. elisabethiae（3 月）*

L. helmutii（9 月）*

1934

L. bromfieldii（5 月）

L. divergens（5 月）

1936

L. marthae（5 月）

L. salicola（7 月）

1937

L. insularis（1 月）

L. mennellii（1 月）*

L. otzeniana（8 月）

1939

L. dorotheae（7 月）*

1940

L. venteri（1 月）

L. weberi（2 月）

1943

L. geyeri

L. verruculosa

1946

L. marginata

L. dendritica

L. lineata

1950

L. villetii（8 月）

1951

L. werneri（7 月）*

1952

L. deboeri（9 月）

1955

L. gesineae（1~2 月）*

1956

L. annae（11~12 月）*

1957

L. hallii（7 月）

1958

L. viridis（9 月）*

1960

L. koelemanii（3 月）

L. glaudinae（12 月）

自 1960 年后，人们趋向于引入更低一级来细化分类。

1961

L. divergens var. *amtthystina*（4 月）

L. lesliei var. *minor*（5 月）*

L. pseudotruncatella var. *volkii*（6 月）*

L. elisae（10 月）

L. pseudotruncatella var. *groendrayensis*（11 月）

1962

L. fulleri var. *ochracea*（6 月）

L. fuller var. *brunnea*（6 月）

L. lesliei var. *rubrobrunnea*（7 月）*

1963

L. gracilidelineata var. *waldroniae*（2 月）*

L. pseudotruncatella var. *brandbergensis*（4 月）

1964

L. erniana var. *aisisensis*（1 月）

L. turbiniformis var. *lutea*（4 月）*

L. turbiniformis var. *subfenestrata*（4 月）

L. schwantesii var. *gebseri*（8 月）

L. julii var. *rouxii*（10 月）

1965

L. dabneri（7 月）

1966

L. dinteri var. *multipunctata*（2 月）

L. lesliei var. *hornii*（3 月）*

L. aucampiae var. *euniceae*（4 月）*

L. verruculosa var. *glabra*（7 月）*

1967

L. fuller var. *kennedyi*（7 月）

L. archerae（8 月）*

1970

德波尔和波卢斯在这一年去世。同年开始发现和描述地方种。

L. aucampiae var. *fluminalis*（3 月）*

L. turbiniformis var. *elephina*（3 月）*

L. turbiniformis var. *susannae*（3 月）*

L. lesliei var. *mariae*（3 月）*

1973

L. dinteri var. *frederici**

L. fulviceps var. *lactinea**

L. karamontana var. *tischeri**

1980

L. naureeniae（9 月）*

1987

L. pseudotruncatella var. *riehmerae*（7 月）*

1988

L. lesliei subsp. *burchellii* *

L. olivacea var. *nebrownii**

*L. coleorum** *

*L. hermetica**

*L. amicorum**

L. fulviceps var. *laevigata**

待续

附录5：N. E.布朗的生石花收藏

在布朗于 1934 年 11 月 25 日以 85 岁高龄去世后，一份他的植物清单被整理出来。我有一份来源于哈里·霍尔保存的副本，该版本来源于布朗的出售清单。他总是后悔没有足够的资金买下布朗的所有植株。那份清单原件是用炭笔写在纸上的，并有皇家水印，而且这份清单原件内容没有出版过。因为这份清单有着历史意义，这里引用了九页中的一部分。虽然这份清单主要是番杏科植物，但还是有一些其他的多肉植物，包括乌羽玉（*Anhalonium williamsii* 4/-)[1]。这些植株的现代价值已经无法估量，但是其中许多植物都是昂贵的。注意，在 1934 年，生石花的价格比巴西榥榥木（*Muira*）[2]要贵得多！从这份清单可以看出，布朗直到去世前都在收集新的植株，如 1933 年 9 月发表的青磁玉。

我猜植物清单是布朗的女儿伊迪丝帮忙整理的，但是不管是谁，在对待布朗的这些笔记上，都会把它当成易碎品小心翼翼地处理。就像大多数人一样，布朗很少更新他的列表。在下面的列表中，我保留了大部分的拼写。很多植物在当时市值很高，如紫勋玉在 1934 年仍然很流行。"K" 可能是指 Kew（邱园）。我在括号里对一些缩写做了注释。

1　*Anhalonium williamsii* 是乌羽玉（*Lophophora williamsii*）的异名。——译注
2　巴西榥榥木（*Muira puama*）是当时一种价格昂贵的壮阳保健品。——译注

Lapidaria morlarethea [*margaretae*]	2/-	
Lithops Fulleri	2/-	
Lithops olivacea	1/6	
Lithops turbiniformis	3/-	
Lithops terricolor 133 V.D.B. [Van der Bijl]	2/6	K
Lithops olioacea 711 M.B. [Maughan Brown]	2/-	K
Lithops turbiniformis 6442 P. Evans	4/-	
Lithops turbiniformis 3 Fuller	3/-	
Lithops kuibisensis Tischer	1/-	K
Lithops Friedrichiae [*Conophytum friedrichiae*]	2/6	K
Lithops Fulleri 10372 Herre	4/-	K
Lithops marmorata Pillans	1/6	
Lithops bella type	2/6	K
Lithops Lericheana—L.bella Tischer	1/-	K
Lithops turbiniformis 6441 P.Evans	2/-	
Lithops turbiniformis P.Evans	1/6	
Lithops olivacea 9 Fuller	4/-	
Lithops Lesliei type J.Burtt Davey &″ ″ 10354 Herre	1/6	
Lithops Lesliei & Schwantesii Bate[s]	2/-	K
Lithops Mundtii	1/-	
Lithops alpina [Edward] Taylor	1/-	K
Lithops Helmutii Bolus 10106 Herre	3/-	K
Lithops nilaris N. E.Br. 9946 Herre [*hilaris*?][1]	2/-	K
Lithops sp. 9947	3/-	
Lithops pseudotruncatella	9d	
Lithops terricolor H.50	1/6	
Lithops Mughani [*maughanii*] 708 M.Brown	1/6	K
Lithops umdausensis L.Bolus 0780[8780]	3/-	K
Lithops Herrei L.Bolus 9176	2/-	K
Lithops erniana Dobbertson	6d	K
Lithops terricolor	9d	
Lithops terricolor 6923 P. Evans	2/-	
Lithops Marlothi type 6903 Marloth [*Conophytum pellucidum*]	2/-	K
Lithops sp.? *turbiniformis*	1/-	
Diplosoma retroversum Hon. Mrs. Ryder	3d	K
Fenestraria rhopalophylla	1/6	

1　"*"：在邱园中出现过和布朗的画册一样的植株的照片，即 L. "*hilaris*" N. E. Br.（编号为 9946），这是一个没有发表过的种———一种"可笑的"或者"艳丽的"类型。也许是因为它那逗人的裂缝和唇部？不管怎样，它或许是一种白花种。Cole 1988（p. 222）："不能清晰地鉴定，但是可能是 L. karasmontana 的一种类型。"根据南非斯坦陵布什大学的园艺记录，我找到了其他两个和 9946 序列接近的编号：9941，Herre，*Mitrophyllum tenuifolium*（发现自 Hangpaal，施泰因科普夫的西北部附近）；9950，Herre，*Aridaria recurva*（发现自施泰因科普夫和古德豪斯之间）。所以很有可能赫勒是在施泰因科普夫附近，通向古德豪斯的区域收集到 9946（以及 9947，9946 的下一个编号）。因此，9946 很可能是 L. marmorata 的一种类型。注意：过去 S.U.G 编号常常使用 Herre 编号，但是 S.U.G 编号体系中还包括了其他收集者的编号，如尼尔的，所以我们不能说 S.U.G=Herre。——作者按

图 257. N. E. 布朗在练习做手绘记录

Fenestraria sp.	3d	
Muiria Hortenseae 3885 Muir	9d	
Muiria[-]*Gibbaeum* Herre	1/6	
Imitaria Muirii	1/-	
Imitaria Muirii 4021 Muir	2 /-	
Rimaria heathii 6926 P. Evans	1 /-	
Rimaria heathii	9d	
Rimaria dubia type 14 Elisha	1/6	
Argyroderma testiculare 6033 Pillans	6d	
Argyroderma sp.	6d	
Argyroderma pretrensis [*Argeta= Gibbaeum*]	6d	
Argyroderma pretrensis 3622 Muir	6d	
Argyroderma pretrensis 3622 Muir	2 /-	
Argyroderma necopinum	1/-	K
Argyroderma Lesliei 6040 Pillans	6d	
Argyroderma sp.	6d	
Argyroderma Lesliei	6d	
Argyroderma Lesliei 6040 Pillans	6d	
Argyroderma subalbum 4 R.A.	6d	K
Pleiospilos simulans V.D.B.	1 /6	
Pleiospilos tricolor [*nelii*] V.D.B.	6d	
2 Pots *Diplosoma retroversum* M.B.	6d	
Metrocalyx Muirii 3892 Muir [*Mentocalyx!*]	6d	
Metrocalyx sp.	6d	
Cheiridopsis cigarettifera Muir	6d	
Cheiridopsis sp. Heath	3d	
Herreanthus Meyeri Bates	6d	
Cylindrophyllum Dyeri 2359 Dyer	9d	
Titanopsis sp. Verdoorn 1365	1 /-	K
Bijlia cana	6d	
Nananthus sp.	1 /-	

附录6: 阿尔伯特斯·盖尔的生石花授课记录

下文是阿尔伯特斯·盖尔在 1951 年发表的让人印象深刻的关于生石花授课的记录。它最初发表于《大不列颠仙人掌和多肉协会年刊》(1951 年 4 月: pp. 28~31)。

生石花属 [1]

(派驻南非联盟的伦敦高级专员, 阿尔伯特斯·盖尔博士的教程; 1951 年 3 月 20 日)

我作为一个业余爱好者出现在你面前。你们中很多人, 毫无疑问地, 比我栽培多肉植物的时间更长。我的栽培时间只有 20 年, 但是我有大多数人都没有的优势——我可以在多肉植物的原产地猎取植株。这里我故意使用了"猎取"这个词, 因为"收集"这个词过于平淡了, 尤其是当你在追寻那些难以寻找的生石花种时。

南非是一个巨大的植物宝库, 有着多种多样的多肉植物。在一些地方, 你几乎不需要深入腹地, 无需寻找就可以看到很多有趣的植物。下面我来给你们一些说明: 有一天我和妻子一起驾车从小卡鲁的一个疗养院出发行驶了 11 公里的路, 中间不断地停下来观察。我们从没有步行离车超过 90 米, 但是, 在这几个小时中, 我们找到了 37 个不同的种, 这些种在业余爱好者中都有一席之地。在同一片区域中, 有几次停下来的地方甚至对植物学家都很有吸引力。

这个种类繁多的多肉植物宝库迫使业余爱好者或者植物专家最多只能将精力聚焦于几个属上。在隐藏在这块自然栖息地上的多肉植物中, 我慢慢地聚焦于两个在开普敦潮湿的冬季最难养殖的属——生石花属和犀角属(Stapelia)。其中生石花属是我特别喜欢的, 我的妻子也一样。

因此, 我将我的讨论范围限于生石花属。但是首先, 我需要简单地提一下: 我们认为多肉植物是沙漠或者半沙漠植物, 但是它们有明显的例外。毛犀角(Stapelia

---

1 　因为年代较远的原因, 本文中的一些种在分类上已有了较大的变化, 此外物种名也有修正, 因此这里一些拉丁名为异名, 文中全都做了保留。

hirsute）有一个种群分布在班斯科洛夫（Bainskloof）山脉，这个山脉处于冬季雨季区，平均雨量达到 137 厘米。生石花属中明显的例外是紫勋玉，它分布在平均雨量 61 厘米到 81 厘米的地区。

下面给出了一些生石花的分布，包括分布的极端点和直线距离：

最远的东北部	紫勋玉 /*leslier*
最远的西北部	小型留蝶玉 /*nelii*
最远的西南部	太古玉 /*comptonii*
最远的东南部	碧琉璃玉 /*terricolor*
从紫勋玉到小型留蝶玉	1000 英里（1609 千米）
从小型留蝶玉到太古玉	900 英里（1448 千米）
从太古玉到碧琉璃玉	180 英里（290 千米）
从碧琉璃玉到紫勋玉	600 英里（966 千米）

这是生石花分布地图中的极限点，小型留蝶玉的分布比紫勋玉更北。

如果我们从生石花属分布的中心点看，即位于北开普省名为波法德尔的村庄，那么我们就能看到方圆 200 英里（322 千米）处分布着至少 17 个种。然而，我需要解释的是，波法德尔离任何生石花的栖息地都有数百英里远！或者我们将立足点放在西南非的基特曼斯胡普（Keetmanshoop），那么同样在方圆 200 英里处，我们可以找到另外 14 个种。

一些种的分布范围很广，特别是：

碧琉璃玉 /	朝贡玉 /	紫勋玉 /	曲玉 /	福来玉 /
terricolor	*verruculosa*	*lesliei*	*pseudotruncatella*	*fulleri*

其中，福来玉很特别，它的分布与下面几个种很接近，但是下面所列出的几个种之间又相距甚远。

橄榄玉 /*olivacca*	鸣弦玉 /*insularis*	朝贡玉 /*verruculosa*

一些种共生在一起，如以下几个种彼此之间很接近。（按它们和南非的距离从近到远列出。）

	柘榴玉 /*bromfieldii*		招福玉 /*schwantesii*
a.	雀卵玉 /*mennellii*	b.	公爵玉 /*kunjasensis*
	鸣弦玉 /*insularis*		威廉玉 /*gulielmi*
			大公爵玉 /*triebneri*
			黑曜玉 /*rugosa*

在这两个组中，我们都知道，各个种之间的关联非常密切。

接着，我们又会发现由 4 个完全不同的种组成的一个地理分组，它们的栖息地之间都只间隔了几英里。它们是：

绫耀玉 /*vanzijlii*　　　橄榄玉 /*olivacea*　　　福来玉 /*fulleri*　　　丽虹玉 /*dorotheae*

（我们知道现在绫耀玉已经不属于生石花属了，施万特斯教授已经将它移至春桃玉属，因为它的种荚有 11 个腔隙，而不是生石花属普遍存在的 5~6 个腔隙。）

另外还有一个地理分组，我将它叫作"困惑的花纹玉"。它们是：

花纹玉 /　　朱弦玉 /　　荣玉 /　　春光玉 /　　砖红玉 /　白熏玉 /　美熏玉 /
karasmontana　lericheana　summitata　jacobseniana　lateritia　opalina　mickbergensis

（它们附近生长着完全不同的种——福来玉。）这些种都呈射线分布，并且彼此之间的间距不超过 20 英里。一些种之间的距离仅仅只有 1 英里。它们彼此之间当然是不同的，但是，这正是我的困惑之处。在同一个地点收集 50 株花纹玉，你一定可以在其中找到典型的春光玉、荣玉等其他种。或者说，在白熏玉的栖息地收集一定数量的白熏玉，你会发现，你收集的那些植物中有一些根本不是白熏玉，而是典型的花纹玉或者美熏玉。因此，尼尔教授索性将它们统统归入到花纹玉中。

不得不提到一个事实，有些种的分布很广泛，而有些种，据今所知，它们的分布范围很小。如下：

雀卵玉 /　　神笛玉 /　　丽虹玉 /　　绚烂玉 /　　惜春玉 /　　碧胧玉 /
mebellii　　dinteri　　dorotheae　　marthae　　brevis　　urikosensis

我必须提及一个种，大理石玉 /*chrysocephala*，我不认为我们还可以再见到它。在 1940 年末，尼尔教授给我看了一株让我吃惊的新的生石花，这是一位教师杜兰先生在阿平顿附近收集到的，并将它寄给了尼尔。毫无疑问，这是一个完全不同的种，尼尔想获得更多的植株，但是所有的努力都是徒劳的。一年后，尼尔听说我想去拜访那个植株的栖息地，他给了我杜兰先生的地址并嘱咐我找到更多的这种植株。我找到了杜兰先生，并让他带我到了他最初发现这个植株的地点。杜兰先生清楚地记得那个地点，并且毫不犹豫地把我带到了那儿。于是，我们三个人充满激情地开始寻找它们的踪迹，但是寻找了一会儿我们只发现了福来玉。那儿有几百个福来玉，就是没有大理石玉的踪迹。但是杜兰先生很确定地记得就是在这个地点找到寄给尼尔的这个植株的。我猜，大理石玉可能只是福来玉的一个美丽的怪胎吧。

相信你们一定想让我说一些关于生石花生长的国度和它们栖息地的一些信息吧。

除了紫勋玉外，所有的生石花都生长在年均降水量 2~10 英寸（5~25 厘米）的地方。这些地方是终年阳光灿烂、空气非常干燥的国度。在这些国度中，大部分是平原，或者覆盖着草和矮小的灌木丛的平地，树木稀少并只沿着河道分布（通常，这些河道也是干涸的），到处散落着孤立的岩石和岩石构成的山丘。

但是并不是所有的生石花都生长在平地上，曲玉 /pseudotrincatella、瑞光玉 /dendritica 和云映玉 /werneri 生长在低海拔的山上。另外一些像茧形玉 /marmorata、青磁玉 /helmutii、双眸玉 /geyeri、蛇纹玉 /herrei 和菊水玉 /meyeri 则生长在山区。

在大多数生石花栖息地，雨水在夏末来临，但是有一部分会在冬季降雨。然而，特别的是，所有的生石花都在秋天开花。在冬季降雨的生石花栖息地，每年冬季会有 2~5 英寸的平均雨量。有一点特别重要，需要记住，在整个生石花属的栖息地，露水都很多，特别是那些降水量最低的地方。大多数生石花植根于黏重土上，这些黏重土可以保留一些湿气。

大多数多肉植物都喜欢栖身于半掩的环境中，也许这是因为在开放的环境中，容易被动物捕食。然而，生石花却喜欢栖身于开放的环境。它们大多数生长在赤裸的环境中，在那里它们孤独地生存着，也许也会有一些小型的多肉植物，或者在一场大雨后，稀疏地冒出一些一年生的草本植物。但是许多生石花在一些土地上是唯一的存在，这些土地通常是充斥着白色石英鹅卵石的斜坡。也许是因为这些石英石可以反射太阳光，并帮助它们的栖息地保持凉爽。

在另一方面，一些生石花总是生长在岩石孤丘的狭缝中，或者露出地面的岩层中。它们植根于少量的土壤中并且紧贴地面。这些种是：

正常情况下，生石花植株生长与地表齐平，或者在雨季后伸出地表约半英寸高。记住刚才所说的，许多生石花生存的土壤被一层白色的用来反射太阳光的石英鹅卵石覆盖，这些鹅卵石和植株差不多大，或者更大。大多数时候，除了花季，寻找它们的踪迹不是一件简单的事情。（即使在花季，那些白花品种在白色的卵石的背景下也不明显。）

在那些植株分布稀疏的地方，搜索一小块地方，如20平方码（约17平方米）的地方，也需要花上一个小时。在一个小时探索末了的时候，还是会发现一棵植株差点从眼皮底下溜走。有一次，我们三个有经验的收集者，花了两个小时来寻找微纹玉 */fulviceps*，结果只找到3棵植株。怪不得吕克霍夫博士说我们是在猎取生石花，这的确有点像猎取宝石的感觉。

在花季，尤其是午后花开的时候，当然相对而言比较容易找到这些植株。然而我和我的妻子都不喜欢在这个季节去寻找生石花。在花季寻找生石花，就像用探光灯照射小动物的游戏一样，被灯照到的小动物几乎没有逃生的机会。在经过长期的、高强度的搜寻后，突然在脚下发现自己想找的植株，这是一件更让人激动的事。

夏季寻找生石花或许太热了。在春季或者夏季寻找生石花往往会空手而归，因为这些植株正处于休眠期。在接近8月的时候，植株开始萎缩。由于缺水，它们本能地回缩至它们生存的土壤或者岩石裂缝的表面以下。在这个季节，我们不止一次看到过一些圆形的小洞。这些小洞大概 $\frac{1}{4}$ 英寸（0.6厘米）大，或者更大，在这些洞的底下是萎缩的植株。当起风时，这些小洞被灰尘和沙石覆盖，这时这些植株被安全地掩盖起来，使它们避免阳光、饥饿的动物和贪婪的收集者的伤害。在那里，生石花将休眠6个月或者16个月，直到雨水再度降临。有一次我们遇到了正在努力破土而出的宝翠玉，它在洞穴上面形成一个很小的土堆。

寻找生石花最佳的时候是冬天，6月和7月[1]。这时候植物还没有休眠，天气也正好。除了冬季降雨的地区之外（这块地方在任何情况下都很少下雨），我们无需担心下雨，同时也没有风。晚上寒冷，通常有大雾，但是白天是超级棒的。早上10点，我们可以脱下外套和手套。中午可以穿衬衫，在车内阴凉处吃午饭。在这样一个低降水量的地方，人口自然稀少，并且依赖于牧羊业和牧牛业：占地10,000英亩（约40.5平方千米）的农场在很多地方只能算一个小农场，一些农场覆盖了多于200,000英亩（810平方千米）的土地。

　　在这块区域，城镇和乡村都很少，而且相隔甚远，马路也不是很好，即使主要道路也是如此。更重要的是，收集者不能总是开主路，他们需要常常驶入乡村小路，甚至是耕地。在收集之旅中最消耗资金的是汽车或者货车的装备。有时，地面都是石子，普通汽车不能行驶，但是有一些现代化的车辆可以通行，只要是开得像驴那么慢，只要是司机成功地用前轮去碾过最大的石子，不掉入坑中就行。

　　所有这些——广阔的土地、稀少的人口和差劲的道路——解释了为什么还有新的种没有被发现。也是同样的原因，在另外一方面，带来了优势，这是一些喜欢独处于广阔开放的大地、远离现代喧嚣的人的理想之地。在这里，人们可以行驶许多英里而不碰到一个人。在这里你可以在夜幕降临之时，搭起帐篷，不受任何人的打扰。我一生中最快乐的时光就是和妻子一起在这块土地上的收集探险之旅。

　　我必须简短地给你们介绍一下在这片土地上探险的经验。因为这些探险常常会持续2~3周。

　　你们可以从我的经验中学到一些东西，然后随着时间的推移，你们也会知道我们在探险中应该带些什么东西。我会移除我那普通的、大型的美式汽车的后座，放上折叠式帐篷、折叠床、轻便的折叠桌椅、必要的烹调厨具、罐头食品、水果等。至于新鲜的面包、肉食、牛奶，我们依靠散落在当地的牧场。

　　一个重要的事情就是带上一个装满水的4加仑的坛子。这些水需要谨慎取用，

1　南半球的冬天。——译注

因为我们不知道什么时候才能再次加满。在晚上休息前，我们每人会取一小盆珍贵的水进行洗漱（早上也会取少量几杯水）。我的妻子是处理这些事情的专家。她会在车子里"用盆洗澡"，当洗完后，没有一滴水溅到外面。而我则会在外面空旷的地方洗澡，但是当我洗完后，大部分的水都溅到了地上。

另外需要带上较多坚固的、可拆的纸板箱，用于打包我们收集的植物——打包多刺的大戟属和火地亚属植物可不是一件容易的事。还需要带上一些纸袋，在收集的时候会用到。

我们要知道，虽然我们探险的主要目标是生石花属，但是我们也自然地会遇上很多其他的多肉植物。

我们工具中重要的一件，自然的，就是一些小的适合徒手采摘的工具。黏重土在石头干燥的时候会非常坚硬。

在睡觉套装中重要的一件是：我们自己设计的特别的睡袋，缝有小兜帽，用来防止露水凝结在脸上，同时要带够保暖的毯子（我们从来不在帐篷里睡觉），因为就像我前面说的，晚上会很冷。我们常常在清晨发现睡袋的外面挂满了坚硬的霜冻。在准备生火喝早茶前，我们需要很用力才能从睡袋中出来。

在探险过程中，我们是依靠直觉来判断多肉植物可能栖身的地方。这就意味着我们几乎不知道这一天会行驶多远。我们可能连续行驶 50 英里（80 千米），也有可能每隔一英里就停顿下。我记得曾经有一天我们从上午 8 点到下午 5 点，连续行驶了 38 英里（61 千米）。

在一片好的区域内，我们可以在一天内有很好的收获。每次看到有希望的孤丘或者石英卵石时，我们会停下车，然后带上采摘工具和纸袋去收集。我们的目标可能在靠公路很近的地方，也有可能有 2 英里（3.2 千米）远。如果很远，我们则会掉转车头尽量地驶近目的地。不是每一个有希望的地点都能有收获，当运气不好的时候，在一天紧张的探险后收获寥寥，或者在很多英里内都只找到同样种类的植株。我记得有一天，我们搜索了几十块石英石区域，每搜索完一块区域，我们都会感叹"这些可恶的妖玉（*Dinteranthus microspermum*）"，我们什么都没有找到，除了那些相对稀少的几百个春桃玉属的妖玉。当然，我们对每个种只想要少量的植株。（在这里，对生石花而言，少量是指 50~60 个植株。）

需要记住，那儿的中午很热，同样需要记住，寻找生石花需要猫着腰。这样一天下来，到下午 5 点你就会觉得很累。这是寻找帐篷驻足的时候了。如果有可能的话，尽量将帐篷支在树间，因为这里干的木头容易点燃形成篝火。点篝火需要两个人的分工，我想你会很想看到我的妻子怀抱着柴火来回帐篷的场面！

在经历一天的野外劳作，并只吃过一顿轻便的午餐，你可以想象我们晚上的胃口。肉食每天晚上都会消耗，尤其是在炭火上烧烤的羊排的数量，我猜这相当于或者多于一个月在英国的消耗量了吧。

通常，我们会在晚上 8 点左右睡觉。这是美好的一天的最后时刻，辛苦但是快乐，伴着强烈的满足感，孤独地处于寂静的大地上。四处起伏着狼嚎声，我们躺在温暖而又舒适的睡袋中，头顶上是清澈的夜空，闪烁着无数明亮的星星——这是一幅多么浪漫的景象啊！

最后，我必须简单地介绍一下我们的收藏。

开普敦，冬季潮湿，夏季空气湿度相比内陆的极度干燥要高得多，这对多肉植物而言绝不是完美的。一些属完全不能露养，因此，生石花属、春桃玉属以及其他一些植株的盆栽被置于有机玻璃下，放在房子的空地上。

其余的我们都是露养的。花园的一部分保存着当地的野生花卉和灌木，并布置了假山。我亲自建造了这个花园，事实上，作为园丁，是根本不愿意和别人共享自己的多肉植物收藏的。夏天，自生自灭的一年生草本植物在假山上提供了必要的遮阴。每一座假山都有一个名字。其中一座叫作手指山，因为在建造花园的过程中，我的一个手指被这里的岩石压坏了。

对于我的花园中收藏了多少个属或者多少种植株的问题，我恐怕不能回答。但是我确实知道在某一个时间段，我有 150 种犀角属的植物，其中一些已经形成了巨大的簇丛。在花季，寻找新开的花朵是一个有意思的游戏。这很刺激，因为我们都知道犀角属植物定种只能靠花来辨别。直到它开花，我们才知道从野外采集回来的植株究竟是哪一种。我必须要加上几句，在炎热无风的午后，在开满犀角属植物花的假山旁工作，鼻子会很不好受。

特别值得我们骄傲和自豪的收藏品是生石花属，其中一些是从种子养大的，一些是从其他收集者手上得到的，但是大部分都是我们自己采集的。当我们离开时，我们有大约 1400 棵植株。其中一小部分捐给了克尔斯滕博斯植物园，剩余的都捐给了斯泰伦博斯大学。

现在，我和我的妻子憧憬着继续"猎取"那些漂亮的生石花的探险，并且希望建造一个新的收藏库，这次我希望是在我们自己的农场上。

在这次授课结束后，盖尔博士受邀回答了众多的问题。这些问题都是很有价值的，但是篇幅所限，这里不一一展开了。这是一个人头攒动的会议。拜访盖尔博士是一个非常开心的经历。这个和蔼的博士没有他作为高级官员的架子，他温和的笑容贯穿了整个晚上，就像他在授课中间的旁白所说的一样，他为能卸下政府官员的身份，作为一个对某一普遍事物感兴趣的爱好者的身份而感到高兴，在这里，当然是指生石花属。能邀请到盖尔博士，并能听到他传授在栖息地的生石花的第一手经验是一件多么开心的事情。邓恩·库克（H. J. Dunne Cooke）介绍了盖尔博士，并在授课结束后示意大家表示感谢，全体参会人员都报以雷鸣般的鼓掌。

最后，A. J. 爱德华（A. J. Edwards），我们的主席，代表理事会和协会成员向盖尔博士授以副主席的职务，向盖尔夫人授以荣誉会员的称号。盖尔博士代表他和他的妻子感谢了爱德华先生，并无比荣幸地接受了这个职务。

下面关于生石花属种子长度的量度单位是毫米。数据来源于 1988 年罗伯·华莱士于新泽西州罗格斯大学新不伦瑞克分校的博士论文：Biosystematic investigation of *genus Lithops* N. E. Br. (Mesembryanthemaceae)。数据的使用经过了华莱士的同意。华莱士的数据则是来源于约翰·强普（John A. Jump），他在 1981 年的论文就是关于种子的（Jump, J.A. 1981. The seed as a criterion in *Lithops* Classification. *CSJ*(*US*)53:197~200 ）。

这是种子平均尺寸的表格。当你注意到尺寸范围的极端值时，一些看上去奇怪的尺寸就不那么奇怪了。如传法玉的种子尺寸明显小于臼典玉亚种，但是臼典玉亚种的种子尺寸有 0.2 毫米变化范围[1]，这个范围区间是生石花属中种子尺寸差距最大的种中的一个。臼典玉亚种的种子最小尺寸比传法玉的最大种子尺寸要大 0.05 毫米。我在括号中还加了一些其他的有趣的比较。

注意：植株健康度、浇水方式，都会影响到种子的尺寸（特别是在种子的重量上！），这还没有被研究过。

日轮玉变种	0.95[→1.12]	雀卵玉变种	0.75
赤阳玉变种	0.94	彩妍玉	0.68
光阳玉变种	0.95	太古玉变种	0.57
阳月玉变种	1.00	韦伯玉变种	0.56
柘榴玉变种	0.75	神笛玉变种	0.53
辉耀玉变种	0.74	惜春玉变种	0.53
鸣弦玉变种	0.80		

1　*villetii* 的种子尺寸如下：

L. villetii subsp. *villetii*：0.66[0.57~0.77]

L. villetii subsp. *deboeri*：0.49[0.46~0.52]

前面的数值是平均值，中括号中的是范围区间。subsp. *villetii* 的最小尺寸 0.57 毫米和最大尺寸 0.77 毫米，相差了 0.2 毫米。——译注

福德玉亚种·····················0.53

多点神笛玉亚种···············0.50

宝翠玉变种·····················0.57

紫宝翠玉变种···················0.63

丽虹玉·····························0.53

［相似：神笛玉变种］

古典玉·····························0.61

微纹玉变种·····················0.74

乐地玉变种·····················0.77

源氏玉变种·····················0.74

［SH2003—0.68］

花轮玉变种·····················0.73

双眸玉·····························0.62

荒玉变种·························0.60

苇胧玉变种·····················0.72

舞岚玉变种·····················0.74

巴厘玉变种·····················0.54

［李夫人玉"网纹变种"—0.61］

欧翔玉变种·····················0.52

青磁玉·····························0.53

蛇纹玉·····························0.58

富贵玉变种·····················0.89

大宝玉变种·····················1.00

烟晕玉变种·····················0.95

黄富贵玉变种···················0.85

丸贵玉变种·····················0.92

窗富贵玉变种···················0.90

珊瑚玉变种·····················0.85

寿丽玉变种·····················0.54

福来玉亚种·····················0.53

茶福来玉变种···················0.52

福惜玉变种·····················0.50

花纹玉变种·····················0.53

爱爱玉变种·····················0.57

朱弦玉变种·····················0.54

纹章玉变种·····················0.54

琥珀玉变种·····················0.64

福寿玉亚种·····················0.61

紫勋玉变种···············1.14［→1.27］

宝留玉变种·····················0.96

［相似：日轮玉变种］

摩利玉变种·····················1.06

小型紫勋玉变种···········1.13［→1.18］

紫褐紫勋玉变种···············1.14

弁天玉变种·····················1.06

宝奇玉亚种·····················0.95

碧琉璃玉·························0.63

［"艾伯特亲王型"—0.51］

茧形玉变种·····················0.46

［"笛娜玉型"—0.40—0.47］

爱纱玉变种·····················0.49

菊水玉·····························0.46

瑙琳玉·····························0.50

橄榄玉变种·····················0.50

棕橄榄玉变种···················0.54

大内玉·····························0.62

［"多纹型"—0.55］

大津绘玉·························0.55

曲玉变种·························0.87

［"红玉型"—0.93］

玛瑙玉变种·····················0.91

白蜡石变种·····················0.88

拱月玉亚种·····················0.80

［相似：招福玉］

瑞光玉亚种·····················0.65

［"琅玕玉型"—0.61；相似：荒玉变种］

藏人玉亚种···············0.61［→0.57］

宝贵玉亚种·····················0.89

留蝶玉变种·············· 0.61	碧赐玉·············· 0.74
线留蝶玉变种·········· 0.78	朝贡玉变种········0.46 [→ 0.40]
李夫人玉·············· 0.71	茯苓玉变种·········· 0.50
招福玉变种············ 0.78	臼典玉亚种·········· 0.66 [0.57~0.77]
绚烂玉变种············ 0.78	传法玉亚种·········· 0.49 [0.46~0.52]
[相似：神笛玉变种]	见霓玉亚种·········· 0.56
黑曜石玉变种·········· 0.83	美梨玉·············· 0.79[!]
碧胧玉变种············ 0.81	云映玉·············· 0.64
盖瑟玉亚种············ 0.74	[相似：荒玉变种]
翠娥玉·············· 0.86	绫耀玉·············· 0.32

[但是尺寸变化度很大，并且形状常常不规则]

附录 8：生石花检索表

下面的内容曾发表于《英国仙人掌和多肉植物协会年刊》(14:1-9，1996)，有一些微小的改动。其中的彩图没有放上来。

（番杏科）生石花属 N. E. Br. 的检索表

乔纳森·Y. 克拉克

英国雷丁大学白骑士校区控制论系，邮箱 225，邮递区号 PG6 6AY

Email: J.Y.Clark@cyber.reading.ac.uk

介绍

生石花的鉴别，如生石花种间的鉴别，常常是很难的。关于鉴别，过去做过很多的努力。第一个关于鉴别的检索表是由著名的生石花属专著作者尼尔（1946）给出的，但是现在已经不适用了。另外的检索表是由德波尔和布姆 1964 年在《英国仙人掌和多肉植物协会年刊》上提出的，后来又在 1970 年 9 月和 1974 年赫尔曼·雅各布森的《多肉植物词典》上两度发表。建立生石花鉴别索引是一项非常费力的工作，这个工作的目的是区分现存的所有的生石花的变化。当我们需要总结生石花变体特征或者类型和分类等级的话，这个检索表还是非常有用的，虽然这种鉴别的可信度有时候很低。布瑞恩·费恩的检索表使用比较便利，这个索引第一次是在 1970 年的《仙人掌和多肉植物杂志》（美国）[1] 中出现。不幸的是，印刷错误（一个误导）使得这个索引难以使用。然后，一个没有错误的，几乎可以达到鉴别效果又额外增添了一些特征的检索表出现在加拿大的期刊中，即《仙人掌和多肉植物信息交流》[2]（Fearn in Hancock，1972）。之后，一个本质上和上面那种索引一致的检索表发表在雅各布森的《多肉植物词典》（1974）上，就在德波尔和布姆的索引的边上。之后，这个索引又几乎原封不动地出现在了费恩的手册中（1981）。此索引主要是根据作者自己的分类体系来进行种间区分的。在很多方法中，这个方法比差别非常微小的、常常可以忽略的各种生石花类型的区别方法更实用。值得注意的是，费恩为了让他的索引更加实用做了非常大的努力，他是根据植物可能出现的特征来编排索引的，而德波尔和布姆的索引编排则是从两种不同的花色，即白花和黄花开始着手的，努力将自然存在的分类（即白花和黄花）融合到施万特斯（1951）提出的亚属分类中。另外还有一份由布姆（1971）撰写的不完全的索引，他仅仅是列出了具备某种特性的种的清单。德波尔和布姆、布姆、费恩的索引在德国海涅出版的《生石花——活着的宝石》（Lithops—lebende steine, 1986）一书中有重印。最新发表的索引（除了在《英国仙人掌和多肉植物协会年刊》发表的这个索引的早期版本外）出现在《欧洲园艺花卉》（European Garden Flora, Cullen, 1989）一书中。虽然卡伦（Cullen）的文章发表在科尔的专著之后，但是卡伦写作的时间更早，他没有参考科尔（1988）的专著，虽然他引用了科尔在 1986 年发表的分布区域数据。卡伦总共整理了 28 个种，并在文本中描述了这些种。

1　即 *Catus & Succulent Journal (US)*。——译注

2　即 *Catus & Succulent Information Exchange*。——译注

1988 年，德斯蒙德·科尔发表了里程碑式的"生石花图谱"，这个图谱是他多年来生石花研究和野外采集的最完美的总结，是每一个真正对生石花属感兴趣的人的必读书目，它包含了广泛的生石花分布地图和细节描述。书中的彩图弥补了令人遗憾的费恩的黑白手绘。然而费恩的书对普通收集者而言比较容易得到，因为它的价格比较便宜。当然，费恩的论文（1968）也包含了彩图，但是很难再找到。遗憾的是，科尔（1988）的书中没有给出分类鉴别检索表。

这里给出的检索表遵循了费恩建立检索表的初衷，即检索仅仅是鉴别生石花"种"的一种方法。这是因为区分种间区别要比区分种以下的下级分类更加行之有效。鉴于一些亚种、变种和类型比较独特并有一惯性，这和科尔划分的主要的 35 个种不容易混淆，因此也被列出。独特的亚种被单独给出检索，意味着这些亚种都沿用了科尔的系统命名法。为了种的完整性，也因为科尔在他的专著中提到了，翠娥玉也被加入到了检索中，虽然它本身也可能源于杂交。最新的种彩妍玉同样也被列入。各种绿色变体，如'白花'紫勋玉，没有列入到索引中。如果读者想辨别各种亮绿色的生石花，那么最好是去参考科尔的书，而不是依赖于这个检索表。这个检索表也没有包含那些本身开黄花的种的白花变异。如果这些花色变异品种恰好还是亮绿色的体色，那么对于索引而言问题就更大了。

这个检索表中关于"种"的概念并不代表作者的分类观点。这里主要是沿用了科尔（1988）的分类系统。并不是所有科尔提到的特征在这个检索表中都有提到。为了使检索表能够辨识到种，这里引入了一个小的子集，这可以使得意思和解释相对清楚。需要注意的是，这个属中现存的所有的检索表（包括文中的这个）有时不能和单独的植株对应起来。这是因为一些种有极端的变化，确实，即使在一盆播种苗中都会有变体出现。在生石花属中，所有的规则都有例外。

特征索引使用帮助

由于这个用于鉴别"种"（包含翠娥玉）的检索表是根据科尔（1988）的著作编

制而成的，许多相关的植株特征描述都是根据科尔的描述而来。另外在必要的地方也加了一些说明用来帮助鉴别。这个检索表中的很多植株特征使用了术语，这有益于那些没有读过科尔书的人，并以数据分析的形式提供了关于植株特征状态的具体细节。这个检索表的主要目的仅仅是为鉴别提供足够的信息。植株的更多的细节可以参考科尔的书，书中还包括植株一些特征的变化。

注意，这个检索表仅对成熟的植株有效，如开花适龄株和达到一定尺寸的植株。对于植株的描述是针对饱满的叶子，而不是缩水的叶子。注意，植株顶部表面的描述不包括新叶和超过两片叶子的情况。因为在新叶过于幼小而老叶过于缩水的情况下，数据是不准确的。同时，检索表采用了最容易辨别的特征，理想的情况是，来源于足够多的样本并涵盖不同的生长周期。这个检索表对那些高度特殊的植株也不适用，因为这些植株没有可靠的、一致的特征。

花萼中萼片的数量和果实（种荚）中的腔隙数量一致,也和柱头裂片的数量一致。即使种荚不存在，如果解剖枯萎的花朵，我们也可以看到这个特征。如果种荚腔隙数随着不同的花或者果实变化，那么在鉴别中，我们采用了通常有的数量。花朵直径的测量是在花朵完全打开的时候进行。如果说花朵的中心是白色的，那么是指每一个花瓣的基部是清晰的白色。雄蕊花丝的基部通常都是白色的，所以这不是中心白色的特征。裂缝深度是从裂缝的底部（从侧面可以看到）开始到叶顶的距离。翠娥玉是一个例外，它只有一个小于 3 毫米深度的浅沟，并横跨了整个强烈凸起的叶面。当从植株的两面测量出的裂缝深度不同，或者在同一簇丛中的不同头之间的裂缝深度不同，或者有其他的不同测量值的时候，我们会取一个平均值。除非有特别说明，种子长度是指种子最长的长度，包括尖端。

检索表:

1. 顶部或肩部 ± 绿色、灰绿色或者绿白色 ··39
1. 顶部或者肩部都不呈绿色··· 2
2. 轮廓明显呈卵形—心形；裂缝浅 < 3 毫米，横跨整个面部；顶部光滑，有非常明显的

凸起，有明显的双叶外观⋯⋯⋯⋯⋯⋯⋯⋯⋯⋯⋯⋯⋯⋯⋯⋯⋯⋯⋯⋯翠娥玉

2. 不包含上述特征的情况⋯⋯⋯⋯⋯⋯⋯⋯⋯⋯⋯⋯⋯⋯⋯⋯⋯⋯⋯⋯⋯ 3

3. 体色明显呈红紫色⋯⋯⋯⋯⋯⋯⋯⋯⋯⋯⋯⋯⋯⋯⋯⋯⋯大内玉（'红大内'）

3. 体色不包含上述的情况⋯⋯⋯⋯⋯⋯⋯⋯⋯⋯⋯⋯⋯⋯⋯⋯⋯⋯⋯⋯⋯ 4

4. 存在红纹，不管是否稀疏或者模糊，和／或者局限于窗面，和／或者局限于裂缝边缘（使用 ×10 镜头）⋯⋯⋯⋯⋯⋯⋯⋯⋯⋯⋯⋯⋯⋯⋯⋯⋯⋯⋯⋯⋯⋯⋯⋯⋯⋯⋯⋯⋯ 5

4. 红纹完全缺失⋯⋯⋯⋯⋯⋯⋯⋯⋯⋯⋯⋯⋯⋯⋯⋯⋯⋯⋯⋯⋯⋯⋯⋯⋯22

5. 暗点清晰可见，大型（直径约 0.4 毫米或者更大），非常显眼，数量多，通常有轻微的凸起（使用 ×10 镜头观测曲面）⋯⋯⋯⋯⋯⋯⋯⋯⋯⋯⋯⋯⋯⋯⋯⋯⋯⋯微纹玉

5. 暗点不可见（即使使用 ×10 镜头），或者能看到但是不清楚或者不显眼，直径 < 0.4 毫米，平坦或者罕见有凸起⋯⋯⋯⋯⋯⋯⋯⋯⋯⋯⋯⋯⋯⋯⋯⋯⋯⋯⋯⋯⋯⋯ 6

6. 在反射光下可以看到小型暗点（使用 ×10 镜头）⋯⋯⋯⋯⋯⋯⋯⋯⋯⋯⋯13

6. 小型暗点不可见或者即使在镜头的帮助下也很难观察到⋯⋯⋯⋯⋯⋯⋯⋯⋯ 7

7. 白花⋯⋯⋯⋯⋯⋯⋯⋯⋯⋯⋯⋯⋯⋯⋯⋯⋯⋯⋯⋯⋯⋯⋯⋯⋯⋯⋯⋯⋯ 9

7. 黄花或者橘黄色花⋯⋯⋯⋯⋯⋯⋯⋯⋯⋯⋯⋯⋯⋯⋯⋯⋯⋯⋯⋯⋯⋯⋯⋯ 8

8. 顶部有非常强的凸面，常常有隐约的龙骨；裂缝深度通常 > 10 毫米；轮廓为心形⋯⋯⋯⋯⋯⋯⋯⋯⋯⋯⋯⋯⋯⋯⋯⋯⋯⋯⋯⋯⋯⋯⋯⋯⋯⋯⋯⋯⋯⋯⋯⋯留蝶玉

8. 顶部平坦到凸起，罕见有龙骨；裂缝深度通常 < 10 毫米，轮廓为截型或者截形—心形⋯⋯⋯⋯⋯⋯⋯⋯⋯⋯⋯⋯⋯⋯⋯⋯⋯⋯⋯⋯⋯⋯⋯⋯⋯⋯⋯⋯⋯⋯⋯⋯16

9. 窗面区域分明，即使闭窗的情况下也是如此；边缘区分明，锯齿状或者齿状，和肩部的界限非常明显；红纹常常局限在窗面边缘⋯⋯⋯⋯⋯⋯⋯⋯⋯⋯⋯⋯⋯⋯⋯10

9. 窗面区域不分明；边缘模糊，和肩部界限不明显；红纹通常呈线纹分布在沟渠和／或者裂缝边缘⋯⋯⋯⋯⋯⋯⋯⋯⋯⋯⋯⋯⋯⋯⋯⋯⋯⋯⋯⋯⋯⋯⋯⋯⋯⋯12

10. 种荚、花萼或者柱头有 6 个部分 ⋯⋯⋯⋯⋯⋯⋯⋯⋯⋯⋯⋯⋯⋯⋯巴厘玉

10. 种荚、花萼或者柱头有 5 个部分⋯⋯⋯⋯⋯⋯⋯⋯⋯⋯⋯⋯⋯⋯⋯⋯11

11. 顶部光滑，通常有凸面；种子长度 ≥ 0.5 毫米 ⋯⋯⋯⋯⋯⋯⋯⋯李夫人玉

11. 顶部通常有一定程度的粗糙感，平坦，种子长度 < 0.5 毫米⋯⋯⋯⋯⋯⋯⋯⋯⋯⋯⋯⋯⋯⋯⋯⋯⋯⋯⋯⋯⋯⋯⋯⋯⋯⋯⋯⋯寿丽玉（福来玉亚种）

12. 顶部裂缝附近边缘有红纹形成一个"唇印"（可以是模糊的或者断裂的）；花粉通常是浅黄色的⋯⋯⋯⋯⋯⋯⋯⋯⋯⋯⋯⋯⋯⋯⋯⋯⋯⋯寿丽玉（寿丽玉亚种）

12. 顶部裂缝附近边缘完全没有红纹；花粉呈深黄色 ⋯⋯⋯⋯⋯⋯⋯⋯⋯花纹玉

13. 花直径 < 22 毫米；叶子顶部通常有强烈凸起，大部分 < 18 毫米（最长直径）；轮廓为心形—截形 ··· 云映玉

13. 花直径 ≥ 22 毫米；叶子顶部平坦到轻微的凸起，大部分 > 18 毫米（最长直径）；轮廓为截形 ··· 14

14. 种荚、花萼或者柱头有 6 个部分或者更多 ··································· 曲玉

14. 种荚、花萼或者柱头有 5 个部分 ·· 15

15. 面部边缘颜色比叶侧或者顶部浅；种子呈球形（忽略种子尖端） ·········· 招福玉

15. 面部边缘颜色和叶侧类似；种子纵向比横向长（忽略种子尖端） ·········· 柘榴玉

16. 存在凸起的红点；肩部常常有蓝色的色调；裂缝区一侧比另一侧深 ········ 朝贡玉

16. 红点缺失，或者即使存在也不凸起；肩部不呈蓝色；裂缝深，通常两侧对称 ······ 17

17. 种荚、花萼或者柱头有 6 个部分或者更多 ··· 20

17. 种荚、花萼或者柱头有 5 个部分 ··· 18

18. 顶部粗糙，有凹陷的沟渠 ··· 柘榴玉

18. 顶部光滑，不存在凹陷的沟渠 ··· 19

19. 红纹作为点纹存在；顶部平坦到轻微的凸起；花直径通常 20~25 毫米 ········ 神笛玉

19. 红纹大部分作为线纹或者虚线纹存在；顶部凸起；花直径通常在 25~30 毫米 ·· 丽虹玉

20. 顶部光滑，没有凹陷的沟渠 ··· 曲玉

20. 顶部粗糙，有凹陷的沟渠 ··· 21

21. 体色呈白粉色或浅粉色，有时带羽毛状的棕色，通常单头；种子 < 0.75 毫米 ··· 荒玉

21. 体色呈棕色，形成 2 头或者更多的簇丛；种子 ≥ 0.85 毫米 ·············· 富贵玉

22. 暗点通过裸眼清晰可见 ··· 35

22. 存在暗点，但是不借助镜头很难观察到 ··· 23

23. 肩部呈粉棕色 / 白棕色 / 黄棕色 / 非常浅的棕色 ································· 24

23. 肩部呈中等程度棕色 / 灰色到深棕色 / 灰色 ······································ 29

24. 全窗，有分明的边缘区，光滑，棕色的玻璃质感，有少量的（存在的话）岛状纹理，顶部和裂缝区之间的棱角分明 ······································· 橄榄玉

24. 上述描述没有提到的情况 ·· 25

25. 白花 ·· 花纹玉

25. 黄花 ··· 26

26. 轮廓心形；顶部有非常强烈和明显的凸起；种子呈浅棕色到棕色 ············ 留蝶玉

26. 轮廓截形；顶部平坦到凸起；种子呈黄棕色 ···································· 27

27. 顶部表面有精细的褶皱（使用 ×10 镜头）；种荚、花萼或者柱头有 5 个部分········

··· 碧赐玉

27. 顶部表面粗糙，但是明显没有精细的皱褶；种荚、花萼或者柱头有 6 个部分或者

更多 ··· 28

28. 体色呈白粉色或浅粉色，有时带羽毛状的棕色，通常单头；种子 < 0.75 毫米 ···荒玉

28. 体色呈棕色，形成 2 头或者更多的簇丛；种子 ≥ 0.85 毫米 ·················富贵玉

29. 白花 ·· 30

29. 黄花，或者黄花白心 ··· 31

30. 顶部有轻微的粗糙感；种荚、花萼或者柱头通常有 6 个部分；花直径通常 < 25 毫米；

种子长度 < 0.5 毫米 ··· 臼典玉

30. 顶部光滑；种荚、花萼或者柱头通常有 5 个部分；花直径通常 ≥ 25 毫米；种子长

度 ≥ 0.5 毫米 ··· 李夫人玉

31. 花有非常显眼的白心；裂缝深度 > 8 毫米；种子小，长度 < 0.6 毫米 ········· 32

31. 花的所有花瓣呈黄色，或者有不明显的白心；裂缝深度 ≤ 7.5 毫米；种子大，长

度 ≥ 0.6 毫米 ··· 33

32. 顶部明显凸起；窗面边缘区有明显的扇形的齿状（类似咬痕）············· 大津绘玉

32. 上述描述没有提到的情况 ··· 太古玉

33. 顶部粗糙，凹陷的沟渠清晰可见 ··· 富贵玉

33. 顶部光滑，即使沟渠存在，也只是非常轻微的凹陷 ··························· 34

34. 种荚、花萼或者柱头有 6 个部分 ··· 日轮玉

34. 种荚、花萼或者柱头有 6 个部分 ··· 紫勋玉

35. 花直径通常 < 25 毫米；种荚、花萼或者柱头有 5 个部分······················ 37

35. 花直径 ≥ 25 毫米；种荚、花萼或者柱头至少有 6 个部分······················ 36

36. 顶部平坦到轻微凸起；轮廓截形；通常形成至少 3 头簇丛；裂缝浅（3~8 毫米）····

··· 曲玉

36. 顶部明显凸起；轮廓心形—截形；通常最多形成 2 头簇丛；裂缝深（6~12 毫米）

··· 源氏玉

37. 暗点不排列成线或位于沟渠中，有时集中分布在中央地带，因此只形成部分窗面；

肩部呈灰色、橄榄灰、绿色或者黄色·······························碧琉璃玉

37. 暗点位于沟渠中或者呈分支线状分布，或者在面部均匀分布；肩部呈白色 ········38

38. 肩部呈白色，顶部有不规则的凸起，没有光泽 ···························古典玉

38. 肩部呈粉色到棕褐色，顶部极端光滑，常常有轻微的光泽 ···········彩妍玉

39. 黄花，或者黄花白心 ··42

39. 白花 ···40

40. 花直径 < 22 毫米；种子呈棕色 ··大内玉

40. 花直径 ≥ 22 毫米；种子呈黄棕色 ···41

41. 裂缝深度 < 10 毫米；种荚、花萼或者柱头有 5 个部分；种子表面光滑到轻微的粗糙感（使用 ×50 镜头）···李夫人玉

41. 裂缝深度 ≥ 10 毫米；种荚、花萼或者柱头有 6 个部分；种子表面有结节（使用 ×50 镜头）···茧形玉

42. 叶片有大型的显眼的绿色开窗，只有少量（如果存在的话）的岛状纹理 ·········43

42. 叶片缺乏显眼的绿色开窗，即使存在也拥有大量的岛状纹理 ·············45

43. 叶片有凸面，灰绿色；窗面边缘形成独特的扇形凹凸齿状（类似于咬痕）
···大津绘玉

43. 上述描述没有提到的情况 ···44

44. 轮廓截形—心形，通常形成 ≥ 4 头的簇丛。裂缝深度为 6~12 毫米；种子呈黄棕色，长度 < 0.5 毫米；顶部和裂缝区的棱角尖锐，窗面轻微地沿裂缝区向下延伸（使用 ×10 镜头）；幼株胚轴（约 2 月龄）不呈明显的红色··············橄榄玉

44. 轮廓心形—双楔形，通常形成 < 4 头的簇丛。裂缝深度为 10~20 毫米；种子呈浅棕色到棕色，长度 > 0.5 毫米；顶部和裂缝区的棱角圆润，窗面不向裂缝区延伸（使用 ×10 镜头）；幼株胚轴（约 2 月龄）呈明显的红色 ···············美梨玉

45. 轮廓截形；种荚、花萼或者柱头通常有 6 个部分或者更多；种荚直径 > 8.5 毫米（最大直径）；面部大型，叶子宽度通常 > 20 毫米（最宽处）········曲玉（拱月玉亚种）

45. 轮廓截形—心形或者双楔形；种荚、花萼或者柱头通常有 5 个部分；种荚直径 < 8.5 毫米（最大直径）；面部小型到中等，叶子宽度通常 < 20 毫米（最宽处）···········46

46. 窗面大型，开窗，但是有奶状的外观，不明显，通常没有岛状纹理；窗面边缘处不延伸至肩部；对叶呈奶绿色到奶油色，常常有蓝色的色调；顶部平坦到凸起；轮廓为双楔形···菊水玉

46. 上述描述没有提到的情况 ⋯⋯⋯⋯⋯⋯⋯⋯⋯⋯⋯⋯⋯⋯⋯⋯⋯⋯⋯47

47. 轮廓为双楔形；对叶非常强烈地分开；窗面大型，不清晰，通常呈蓝灰色、紫灰色，有许多小型的不明显的岛状纹理和独特的磨砂玻璃质感⋯⋯⋯⋯⋯⋯⋯⋯宝翠玉

47. 上述描述没有提到的情况 ⋯⋯⋯⋯⋯⋯⋯⋯⋯⋯⋯⋯⋯⋯⋯⋯⋯⋯⋯48

48. 轮廓呈心形—截形；裂缝深度为 7~15 毫米⋯⋯⋯⋯⋯⋯⋯⋯⋯⋯⋯⋯⋯49

48. 轮廓呈双楔形或者心形—双楔形；裂缝深度为 10~18 毫米 ⋯⋯⋯⋯⋯⋯50

49. 花直径 < 24 毫米；对叶顶部通常有明显的凸起⋯⋯⋯⋯⋯⋯⋯⋯⋯蛇纹玉

49. 花直径 > 24 毫米；对叶顶部凸起到平坦⋯⋯⋯⋯⋯⋯⋯⋯⋯⋯⋯⋯双眸玉

50. 肩部、侧面和岛状纹理呈绿色，带有黄色的色调；窗面呈暗绿色到棕色；顶部凸起；种荚直径大部分 > 7.5 毫米（最长直径）⋯⋯⋯⋯⋯⋯⋯⋯⋯⋯⋯⋯瑙琳玉

50. 肩部、侧面和岛状纹理呈浅灰绿色，缺失黄色的色调；窗面呈浅玻绿色；顶部通常强烈凸起；种荚直径大部分 ≤ 7.5 毫米（最长直径）⋯⋯⋯⋯⋯⋯⋯⋯青磁玉

结论

这个检索表的索引，虽然不是完全正确的，但是对那些普通的种植者和生石花属学习者都是有帮助的。索引中的特征可以和本书中的图片或者科尔的书互相比对确认。当然，我们经常会遇上这样的例子，即一些分类的鉴别很容易，而有一些则很难从它的同系中鉴别出来。

最后，我对未来更深远的工作表示期待，基于计算机技术的关于这个属的索引的建立或许可以让鉴定变得更精确，作者正在这方面努力工作，结果会在近几年公布。

感谢

感谢爱丽丝·戴维斯（Alice Davies）的校对和她提供的生石花参考数据。感谢戈登·罗利让我使用他的文献，并不断鼓励我的这次写作。感谢史蒂文·哈默最新的文献帮助。最后，必须要感谢德斯蒙德·科尔的那本专著，它让我不断保持着对生石花属的兴趣，并提供了宝贵的数据，另外还启发了我写这篇文章的灵感。

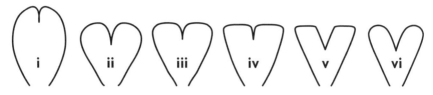

图 1：生石花轮廓（上部轮廓，Cole，1988）

（ⅰ）.卵形—心形（如：翠娥玉）；（ⅱ）.心形.（如：留蝶玉）；（ⅲ）.凸面截形（如：荒玉）；（ⅳ）.平顶截形（如：富贵玉）；（ⅴ）.平顶双楔形（如：宝翠玉）；（ⅵ）.凸面双楔形（如：宝翠玉）。数据源于科尔（1988）并有适当改进。

词汇表

| ＜：小于 | ≤：小于等于 |
| ＞：大于 | ≥：大于等于 |

参考文献：

DE BOER, H. W. & BOOM, B. K. (1964): An analytical key for the genus *Lithops*. *Nat. Cact. Succ. J.* 19 (3): 34–37 & 19 (4): 51–55

BOOM, B. K. (1971): Een nienwe table voor het geslacht *Lithops*. *Succlenta* 50 (7–12): 122–125,142–145,162–165,182–187,202–205,222–229.

COLE, D. T. (1986): *Lithops Locality Data*. Desmond T. Cole: Swakaroo, South Africa.

COLE, D. T. (1988): *Lithops Flowering Stones*. Acorn Books: Randburg. South Africa.

CULLEN, J. (1989): *Lithops*. In Walters, S.M. et al. (eds.): *European Garden Flora* 3: 155–159, Cambridge University Press.

FEARN, B. (1968): *An investigation into the taxonomy and phytogeography of genus Lithops N. E. Br.* M. Sc. Thesis, Sheffield University.

FEARN, B. (1970): New combinations and an analytical key for the genus *Lithops*. *Cact. & Succ. J. (US)* 42(2): 89–93.

FEARN, B. (1981): *Lithops*. British Cactus & Succulent Society Handbook No. 4, Oxford, UK.

HAMMER, S. A. & UIJS, R. (1994): *Lithops coleorum* S. A. Hammer & R. Uijs sp. Nov., a new species of *Lithops* N. E. Br. from the Northern Transvaal. *Aloe* 31 (2): 36–38.

HANCOCK, K. E. (1972): The correct naming of your *Lithops*. Part III: An analytical key for the genus *Lithops* (…B. Fearn): *Cact. & Succ. Information Exchange* 5(7–8): 125–129.

HEINE, R. (1986): *Lithops—lebende steine*. Neumann Verlag, Leipzig.

JACOBSEN, H. (1974): *Lexicon of succulent plants*. English Edition, Blandford Press, London.

NEL. G. C. (1946): *Lithops*. Stellenbosch University, South Africa.

SCHWANTES, G. (1951): The Lithopinae. *Nat. Cact. Succ. J.* 6(2): 23–24.

SPRECHMAN, D. L. (1970): *Lithops*. Associated Univ. Presses, New Jersey, USA

参考文献

以下是在正文中引用到的参考文献，在大部分参考文献后面加入了一些评论。

BROWN,N. E., TISCHER, ARTHUR & KARSTEN, MIA(1931). *Mesembryanthema*. L. Reeve, Ashford.

对那个时代的生石花精彩的描述。新鲜进口植株上的如怪物弗兰肯斯坦般的裂纹是由欧洲的高湿度的冲击而产生的。当时最漂亮的生石花来自于布朗播种的富贵玉（见他书中第137页的图片，一满盆的10年龄的植株）。

CLARK, JONATHAN Y.(1996): A Key to *Lithops* N. E. Brown (Aizoaceae). *Bradleya* **14**:1-9.

COLE, DESMOND(1972). Lost and found —*Lithops deboeri* Schwant. *Excelsa* **2**:23-29.

COLE, DESMOND(1973). *Lithops*:A Checklist and Index. *Excelsa* **3**:37-71.

这本缜密的书率先使用了现代平版印刷术。它包含了很多在科尔的书中没有提到的有趣的历史细节。

COLE,D.T.(1986): *Lithops Locality Data*. Desmond T. Cole: Swakaroo, South Africa.

COLE, DESMOND(1988). *Lithops: Flowering Stones*.Acorn Books, Randburg.

这部不可或缺的作品包含了作者半生的研究心血。

DE BOER, H.W. & BOOM, B.K. (1964): An analytical key for the genus *Lithops*. *Nat. Cact. Succ. J.* **19**(3): 34-37&19(4): 51-55.

FEARN, B. (1968): *An inoestigation into the taxonomy and phytogeography of the genus Lithops N. E. Br*. M. Sc. thesis, Sheffield University.

FEARN, B. (1981): *Lithops*. British Cactus & Succulent Society Handbook No.4, Oxford, UK.

GOLDBLATT, PETER & MANNING, JOHN (1998).*Gladiolus in Southern Africa*. Fernwood Press, Cape Town.

这本书可以看作生石花属和其他相关联的属的一个比较（可以说是一种比较外缘关系的分类学）。有时，我认为那些问题是从一个属跳到另一个属，或者是从一个想法跳到另一个想法的，而在其他地方是完全不相关的。

HAMMER, STEVEN(1995). Notes on the Taxonomic Position of *Mesembryanthemum locale* N. E. Br. *Haseltonia* **3**:89-91.

明显地，这个"分类地位"是不让人满意的。这篇文献证明了保存在英国皇家植物园的 *M. locale* 植株更适合使用 *L. terricolor*（碧琉璃玉）这个分类，因为它在栖息地和种子结构上与之更加接近。

HAMMER, STEVEN (1996). New Cultivars in *Lithops. Piante Grasse Speciale* 1995:46-50.

这部作品简单介绍了一些新的园艺种，其中一个是 *L. marmorata* 'Chartreuse'，它的产生明显是重复的，因为它在1996年1月5日发表[1]，另一个是 *L. marmorata* 'Polepsky

---

1 *L. marmorata* 'Chartreuse' 和 'Polepsky Smaragd' 是一样的。——译注

Smaragd''苍青绿宝石'茧形玉，它同样发表于 1996 年 1 月。这个园艺种以帕维尔（Pavelka）的名字命名是合适的，因为帕维尔是这个园艺种的第一个传播者。这应该是上帝给予的赐名权了吧。

JACOBSEN, HERMANN(1960).*A Handbook of Succulent Plants*, *Vol.*3. Blandford Press, London.

这部作品中的生石花部分（第 1217~1251 页）是由德波尔审核的，其中包括了很多古怪的照片和评论。许多评论肯定代表了特里布纳的观点，德波尔只是负责筛选，而雅各布森只是负责压缩。

NEL, GERT (1946). *Lithops*. University Press, Stellenbosch.

这本书是由一个在野外待的时间比在图书馆待的时间要长的人所著。这本书撰写的时间无法追溯，但是书中最晚出现的图片是（大概）1946 年 9 月，尼尔的朋友约尔丹教授将此书的撰写时间定为 1946 年，这和尼尔在这本书中的前言末尾处的时间 1946 年 6 月一致。尽管如此，有些引用仍然在使用 1947 年这个撰写日期。

NORDENSTAM, BERTIL (1974). The Flora of the Brandberg. *Dinteria* 11.

和舞岚玉共生的种很多。

SCHWANTES, GUSTAV(1957). *Flowering stones and mid-day flowers*. Ernest Benn, London.

这是处理生石花属和日中花属矛盾的最没争议和最睿智的方法，这个标题就如简·奥斯汀的《傲慢与偏见》一样耐人寻味。这也是某些植物学著作的合适的书名。

WALLACE, ROBERT (1988): *Biosystematic investigation of the genus Lithops N. E. Br. (Mesembryanthemaceae)*. PhD Thesis. Rutgers University, New Brunswick, New Jersey.

WALLACE, ROBERT S.(1988). Tanniniferous idioblasts as taxonomic characters in the genus *Lithops* N. E. Br.(Mesembryan- themaceae). *Monogr. Syst. Bot. Missouri Bot. Gard.* 25:295-303.

华莱士的研究更注重内部特征，而不是从外部的和那些假设的易变的特征入手。这很大程度给科尔的理论奠定了基础。

生石花名称索引

注意：模式产地地图（第 32~33 页），附录 4.1、4.2、4.3、5、6、7、8 的内容没有包含在此索引内。带下划线的页码表示主要描述页；粗体的页码表示插图页。

日轮玉（*aucampiae*）⋯⋯⋯⋯⋯⋯⋯⋯⋯⋯ 22、28、43、70、75、83、<u>84~87</u>、**88**、90、145、212

　‘贝蒂绿石’（"Betty's Beryl"）⋯⋯⋯⋯⋯⋯⋯⋯⋯⋯⋯⋯⋯⋯⋯⋯⋯⋯ 87

　‘绿流水’（"Green River"）⋯⋯⋯⋯⋯⋯⋯⋯⋯⋯⋯⋯⋯⋯⋯⋯⋯⋯⋯⋯ 87

　‘杰克逊翡翠’（"Jackson's Jade"）⋯⋯⋯⋯⋯⋯⋯⋯⋯⋯⋯⋯⋯⋯ 87、**88**

　"库鲁曼型"（"Kuruman form"）⋯⋯⋯⋯⋯⋯⋯⋯⋯⋯⋯⋯ <u>84</u>、<u>86</u>、**88**

赤阳玉变种（*aucampiae* subsp. *aucampiae* var. *koelemanii*）⋯⋯⋯ 75、<u>85~86</u>、**88**

光阳玉变种（*aucampiae* subsp. *euniceae* var. *euniceae*）⋯⋯⋯ 75、<u>85~86</u>、**88**

　"灰色型"（"Grey form"）⋯⋯⋯⋯⋯⋯⋯⋯⋯⋯⋯⋯⋯⋯⋯⋯⋯⋯ <u>85</u>

阳月玉变种（*aucampiae* subsp. *euniceae* var. *fluminalis*）⋯⋯⋯ 26、<u>85~87</u>、54

柘榴玉（*bromfieldii*）⋯⋯⋯⋯⋯⋯⋯⋯⋯⋯ 60、66、70、<u>89~91</u>、**91**、107

　‘硫磺石’（'Sulphurea'）⋯⋯⋯⋯⋯⋯⋯⋯⋯⋯⋯⋯⋯⋯ 4、<u>91</u>、92

　"小型"（"Minor form"）⋯⋯⋯⋯⋯⋯⋯⋯⋯⋯⋯⋯⋯⋯⋯⋯⋯⋯⋯ <u>90</u>

辉耀玉变种（*bromfieldii* var. *glaudinae*）⋯⋯⋯⋯⋯⋯ 70、<u>89~91</u>、**91~92**

鸣弦玉变种（*bromfieldii* var. *insularis*）⋯⋯⋯⋯⋯⋯⋯⋯⋯ <u>89~91</u>、**92**

雀卵玉变种（*bromfieldii* var. *mennellii*）⋯⋯⋯⋯⋯⋯⋯⋯ 66、<u>90~91</u>、**92**

彩妍玉（*coleorum*）⋯⋯⋯⋯⋯⋯ 16、18、42、65、70、75、<u>92~93</u>、**100**、196、213

太古玉（*comptonii*）⋯⋯⋯⋯⋯⋯⋯⋯⋯⋯ 57、63、70、<u>94~95</u>、99、**64**、149

韦伯玉变种（*comptonii* var. *weberi*）⋯⋯⋯⋯⋯⋯ 36、<u>94~95</u>、**100**、165、194

神笛玉（*dinteri*）⋯⋯⋯⋯⋯⋯⋯⋯⋯⋯⋯⋯ 70、71、80、<u>95~97</u>、**100**

　‘绿神笛’（'Dintergreen'）⋯⋯⋯⋯⋯⋯⋯⋯⋯⋯⋯⋯⋯⋯⋯⋯ <u>97</u>、**101**

惜春玉变种（*dinteri* subsp. *dinteri* var. *brevis*）⋯⋯⋯⋯ 17、<u>96~97</u>、**100**、182

福德玉亚种（*dinteri* subsp. *frederici*）⋯⋯⋯⋯ <u>53</u>、<u>96~97</u>、**101**、102、196、200

多点神笛玉亚种（*dinteri* subsp. *multipunctata*）⋯⋯⋯⋯ <u>96~97</u>、**101**、102

宝翠玉（*divergens*）⋯⋯⋯⋯⋯⋯ 12、**20**、70、<u>98~99</u>、**101**、204、**208**

紫宝翠玉变种（*divergens* var. *amethystina*）⋯⋯⋯⋯ 7、43、<u>98~99</u>、101、**199**

　"三叶型"（"Tri-vergens"）⋯⋯⋯⋯⋯⋯⋯⋯⋯⋯⋯⋯⋯⋯⋯⋯⋯⋯ **199**

丽虹玉（*dorotheae*）⋯⋯⋯⋯⋯⋯ 63、70、71、80、96、97、<u>102~103</u>、**104**、209

　‘佐罗’（'Zorro'）⋯⋯⋯⋯⋯⋯⋯⋯⋯⋯⋯⋯⋯⋯⋯⋯⋯ <u>103</u>、**105**、208

古典玉（*Francisci*）⋯⋯⋯⋯⋯⋯ **16**、70、<u>103~104</u>、**105**、109、202、219

微纹玉（*fulviceps*）⋯⋯⋯⋯⋯⋯ 66、70~71、**72**、80、<u>105~107</u>、**107**、182、201

　‘金块’（'Aurea'）⋯⋯⋯⋯⋯⋯⋯⋯⋯⋯⋯⋯⋯⋯⋯⋯⋯⋯⋯ <u>107</u>、**108**

"宝典玉"（"*lydiae*"）⋯⋯⋯⋯⋯⋯⋯⋯⋯⋯⋯⋯⋯ <u>106</u>, **108**

"波法德尔型"（"Pofadder form"）⋯⋯⋯⋯⋯⋯⋯ <u>106~107</u>

乐地玉变种（*fulviceps* var. *lactinea*）⋯⋯⋯⋯⋯⋯⋯ **20**, <u>106</u>, **108**

源氏玉变种（*gesineae* var. *gesineae*）⋯⋯⋯⋯ 70, **72**, <u>108~109</u>, **110**, 202

花轮玉变种（*gesineae* var. *annae*）⋯⋯⋯⋯⋯⋯⋯⋯ <u>109</u>, **110**

双眸玉（*geyeri*）⋯⋯⋯⋯ 8, **26**, 40, 70, 79, **105**, <u>111~112</u>, 122, 153, 156, 164

"希丽玉"（"*hillii*"）⋯⋯⋯⋯⋯⋯⋯⋯⋯⋯⋯⋯⋯⋯ <u>111</u>

荒玉（*gracilidelineata*）⋯⋯⋯ **12**, 34, **48**, 65, 67, 70, 75, <u>112~114</u>, **115**, 169, 176, 196

'拿铁咖啡'（Café au Lait）⋯⋯⋯⋯⋯⋯⋯⋯ <u>114~115</u>, **116**

'弗里兹白夫人'（'Fritz's White Lady'）⋯⋯⋯⋯⋯⋯⋯⋯ <u>114</u>

"琅玕玉型"（"*farinosa*"）⋯⋯⋯⋯⋯⋯⋯⋯⋯⋯⋯⋯ <u>114</u>

"丝瑞玉型"（"*streyi*"）⋯⋯⋯⋯⋯⋯⋯⋯⋯⋯⋯⋯⋯⋯ <u>114</u>

舞岚玉亚种（*gracilidelineata* subsp. *brandbergensis*）⋯⋯ 1, 22, **65**, <u>113~115</u>, **115~116**

苇胧玉变种（*gracilidelineata* subsp. *gracilidelineata* var. *waldroniae*）⋯ <u>112</u>, **115**

海伦玉（*halenbergensis*）⋯⋯⋯⋯⋯⋯⋯⋯ 7, 13, **219~220**, **219**

巴厘玉（*hallii*）⋯⋯⋯⋯⋯⋯⋯⋯⋯⋯⋯ 28, 70, <u>116</u>, **118**, 178

'绿皂石'（'Green Soapstone'）⋯⋯⋯⋯⋯⋯⋯⋯ <u>118</u>, **119**

"棕色型"（"Brown form"）⋯⋯⋯⋯⋯⋯⋯⋯⋯⋯⋯⋯ <u>117</u>

"灰色型"（"Grey form"）⋯⋯⋯⋯⋯⋯⋯⋯⋯⋯⋯⋯⋯ <u>117</u>

"白色型"（"White form"）⋯⋯⋯⋯⋯⋯⋯⋯⋯⋯⋯ <u>117</u>, **118**

欧翔玉变种（*hallii* var. *ochracea*）⋯⋯⋯⋯⋯⋯⋯ <u>116~117</u>, **119**

青磁玉（*helmutii*）⋯⋯⋯⋯ 8, **12**, 63, 70, 111, <u>120</u>, **126**, 157, 159, 215

"白花型"（"*albiflora*"）⋯⋯⋯⋯⋯⋯⋯⋯⋯⋯⋯⋯⋯⋯ <u>120</u>

蛇纹玉（*herrei*）⋯⋯⋯⋯ 8, 35, 43, **47**, 111, <u>121</u>, **126**, 156, 162~163, 204, **209**

"唐蓝玉型"（"*translucens*"）⋯⋯⋯⋯⋯⋯⋯⋯ **121**, **127**, 164

富贵玉（*hookeri*）⋯⋯⋯⋯ **vi**, 9, 28, 70, **72**, 90, 117, <u>122</u>, 123~124, <u>125~126</u>

'绿色嫉妒'（'Envy'）⋯⋯⋯⋯⋯⋯⋯⋯⋯⋯⋯⋯ <u>126</u>, **128**

"樱桃色型"（"Cerise form"）⋯⋯⋯⋯⋯⋯⋯⋯⋯⋯⋯ <u>125</u>

"红棕色型"（"Red-brown form"）⋯⋯⋯⋯⋯⋯⋯⋯⋯ <u>125</u>

"蠕虫纹型"（"Vermiculate form"）⋯⋯⋯⋯⋯⋯⋯ <u>125</u>, **127**

大宝玉变种（*hookeri* var. *dabneri*）⋯⋯⋯⋯ <u>122~123</u>, **127**, 125, 212

烟晕玉变种（*hookeri* var. *elephina*）·································· <u>123</u>, <u>125</u>, **128**

黄富贵玉变种（*hookeri* var. *lutea*）························· 14, <u>123</u>, <u>125</u>, **128**

丸贵玉变种（*hookeri* var. *marginata*）··············· 70, 86, 90, <u>124~125</u>, **128**,

窗富贵玉变种（*hookeri* var. *subfenestrata*）····················· <u>124~125</u>, **128**

  "紫褐型"（"brunneo-violacea form"）···························· <u>124</u>

珊瑚玉变种（*hookeri* var. *susannae*）······················ <u>124~125</u>, **128**

杂交—跨属

  银叶花属 × 生石花属［× 银叶花］（*Argyroderma* × *lithops* ［× Argyrops]）   <u>43~44</u>

  银叶花属金铃玉 × 紫宝翠玉变种或者菊水玉（*Argyroderma delaetii* × *divergens* var. *amethystine or meyeri*）·· <u>43</u>

  银叶花属金铃玉 × '哈默红宝石'菊水玉［× 银叶花］（*Argyroderma delaetii* × Meyeri 'Hammeruby'［× *Argyrops*]）··································· **188**

  肉锥属'少将'？ × 曲玉（*Conophytum bilobum*? × *pseudotruncatella*）   **188**

  春桃属绫耀玉 × 紫勋玉［× 绫耀玉］（*Dinteranthus vanzylii* × *leslie*［× *Dinterops*]）·· <u>43</u>, **188**

  春桃属绫耀玉 × '白花'紫勋玉［× '一箭之遥'］（*Dinteranthus vanzylii* × *leslie* 'Albiflora'［× *Dinterops* 'Stonesthrow']）······························· 146

杂交—属内

  柘榴玉变种 × 鸣弦玉变种（*bromfieldii* var. *bromfieldii* × *bromfieldii* var. *insularis*）·· <u>90~91</u>

  花轮玉变种 × 瑞光玉变种（*gesineae* var. *annae* × *pseudotruncatella* subsp. *dendritica*）·· <u>110</u>

  荒玉 × 留蝶玉变种［"留蝶荒玉型"］（*gracilidelineata* × *rushiorum* var. *ruschiorum*［"*gracilidelorum*"]）·································· <u>176</u>

  '绿皂石'巴厘玉 × '孔雀石'巴厘玉子代（*hallii* 'Green Soapstone' × *salicola* 'Malachite' F2）·· **119**

  蛇纹玉（Cole 236）× 大内玉（Cole 239）［*herrei*（Cole 236）× *optica*（Cole 239）]··· **47**

  蛇纹玉 × 大内玉（*herrei* × *optica*）························ <u>43</u>, **209**

  福寿玉亚种 × 古典玉（*karasmontana* subsp. *eberlanzii* × *francisci*） <u>219~220</u>

  紫勋玉变种 × 弁天玉变种（*lesliei* subsp. *lesliei* var. *lesliei* × *lesliei* subsp. *lesliei* var. *venteri*）··· 145

紫勋玉变种 × 日轮玉变种（*lesliei* subsp. *lesliei* var. *lesliei* × *aucampiae* subsp. *aucampiae* var. *aucampiae*）···43

小型紫勋玉变种 × 紫勋玉变种（*lesliei* subsp. *lesliei* var. *minor* × *lesliei* subsp. *lesliei* var. *lesliei*）··43

菊水玉 × 蛇纹玉（*meyeri* × *herrei*）···156

橄榄玉 × 茧形玉（*olivacea* × *marmorata*）·····························160

橄榄玉 × 大内玉（*olivacea* × *optica*）·····································43

'红大内' × 双眸玉或者蛇纹玉（*optica* 'Rubra' × *geyeri* or *herrei*）·····163~164

大内玉 × 蛇纹玉"唐蓝玉型"（*optica* × *herrei* "*translucens*"）·····164

招福玉 × 微纹玉（*schwantesii* × *fulviceps*）······························182

寿丽玉（*julii*）············ 10, 14, 42, **46~47**, 57, 63, 67, 70, 129~131, **133**, 137~138, 200, **209**

'绿福来'（'Fullergreen'）·······································132, 134

'热唇'（'Hot lips'）··132, 134

'薄荷奶油'（'Peppermint Crème'）··························132, 134

"大理石型"（"*chrysocephala*"）················47, 129, 131, **133**

"大理石型""浅色型"（"*chrysocephala*" "Pallid form"）········133

"褐色型"（"Fuscous form"）······························129, 133

"L. helmiae"···131

"雪玉变种"（"var. *littlewoodii*"）························131

"浅色型"（"*pallida*"）···············129, **133**, 131~132, 137

"网纹型"（"*reticulata*"）·················46, 129, 132, 133,

福来玉亚种（*julii* subsp. *fulleri*）··········· 21, 28, 37, **72**, 117, 129~132, **133**, 193~194, 200

茶福来玉变种（*julii* subsp. *fulleri* var. *brunnea*）··············130, 134

福惜玉变种（*julii* subsp. *fulleri* var. *rouxii*）················130~131, 134

花纹玉（*karasmontana*）·········· 20~21, 38, 67, 70, 75, 90, 135, 137~140, **140~141**

'牛油果奶油'（'Avocado Cream'）·························139, 142

"砖红玉型"（"*lateritia*"）············135, 139~140, **140**, 209~210

"美熏玉型"（"*mickbergensis*"）····················20~21, 135, **140**

"白熏玉型"（"*opalina*"）·················135, 138~139, **141**

"信号山型"（"Signalberg form"）·························38, 138

"朱唇玉型"或者"朱唇玉变种"（"*summitatum*" or "var. *summitatum*"）

··135, 139~140

琥珀玉亚种（*karasmontana* subsp. *bella*）················· 80, <u>136~138</u>, **141**

福寿玉亚种（*karasmontana* subsp. *eberlanzii*）·········· 28, 70, <u>137~138</u>, **142**, 219~220

"白英玉变种"（"*L. erniana* var. *witputzensis*"）··················· <u>138</u>

爱爱玉变种（*karasmontana* subsp. *karasmontana* var. *aiaisensis*）····· 11, <u>135~140</u>, **141**, 200

朱弦玉变种（*karasmontana* subsp. *karasmontana* var. *lericheana*）··········· <u>136~138</u>, **141**

纹章玉变种（*karasmontana* subsp. *karasmontana* var. *tischeri*）··········· <u>136~138</u>, **141**

"*L. fossulifera*"··························· <u>136</u>

紫勋玉（*lesliei*）·············· 9, 16, 22~23, 43, **47**, 57, 70, 86, 93, <u>142~146</u>, **147**, **119**, 213

‘白花’（'Albiflora'）···························· <u>146</u>

‘白化’（'Albinica'）························· <u>146</u>, 219

‘红发弗雷德’（'Fred's Redhead'）··············· <u>146</u>, **148**

‘绿宝留’（'Greenhorn'）····················· <u>146</u>,

‘斯托姆斯金块’（'Storms's Albinigold'）············ <u>146</u>,

‘白花小型’（'Witblom'）···················· <u>146</u>,

"灰色型"（"Grey form"）····················· <u>145</u>,

"金伯利型"（"Kimberley form"）··············· <u>145</u>,

"青紫勋"（"*luteovividis*"）···················· <u>146</u>, **147**

"彼得斯堡型"（"Pietersburg form"）············· <u>142</u>

"沃克维尔型"（"Walkerville form"）············· <u>146</u>

"瓦伦顿型"（"Warrenton form"）··············· <u>145</u>

宝奇玉亚种（*lesliei* subsp. *burchellii*）············· 86, <u>144~145</u>, **148**

弁天玉变种 "道格拉斯型"（var. venteri "Douglas form"）··········· <u>144</u>

宝留玉变种（*lesliei* subsp. *lesliei* var. *hornii*）············· 85, <u>143</u>, **145**, **147**

摩利玉变种（*lesliei* subsp. *lesliei* var. *mariae*）············· 72, <u>143</u>, **145**, **147**

小型紫勋玉变种（*lesliei* subsp. *lesliei* var. *minor*）············· 43, <u>143~144</u>, **148**

紫褐紫勋玉变种（*lesliei* subsp. *lesliei* var. *rubrobrunnea*）··········· <u>143~145</u>, **148**, 210

弁天玉变种（*lesliei* subsp. *lesliei* var. *venteri*）··········· <u>144~146</u>, **148**

碧琉璃玉（*localis*）··········· 30, 37, 70, **74**, 79, 93, <u>149~150</u>, **151**

‘银刺’（'Silver Spurs'）······················ <u>150</u>

‘斑点黄金’（'Speckled Gold'）················· <u>150</u>, **151**

‘紫罗兰’（'Violetta'）······················ <u>150</u>, **151**

"var. *peersii*" .... <u>150</u>

    "艾伯特亲王型"（"Prince Albert form"）................ <u>149</u>

茧形玉（*marmorata*）...... 21, **24~25**, 28, 43, 45, 70, 120, <u>151~153</u>, **154~155**, 160, 193, **210**

    '苍青绿宝石'（'Polepsky Smaragd'）................ <u>154</u>, **155**

    "笛娜玉型"（"*diutina*"）.......................... <u>152</u>

    "圣典玉型"（"*framesii*"）...................... <u>152</u>, **154**

    "乌姆达斯型"（"*umdausensis*"）............ <u>152</u>, **155**

爱纱玉变种（*marmorata* var. *elisae*）............ <u>152</u>, **155**, 153~154

菊水玉（*meyeri*）............ 8, 30, 43, 63, 70, 121, 154, <u>155~156</u>, **160**

    '哈默红宝石'（'Hammeruby'）............ 43, <u>156</u>, **161**, 265

瑙琳玉（*naureeniae*）............ 30, **72**, 153, <u>157</u>, 159, **161**, 211

橄榄玉（*olivacea*）............ 42~43, 70, 96, 157, <u>158</u>, 159~160, **161**

    '红橄榄玉'（'Red Olive'）............ <u>159</u>, **161**, 211

    "小型"（"Minor form"）........................ <u>159</u>

棕橄榄玉变种（*olivacea* var. *nebrownii*）............ <u>158~159</u>, **161**, 211

大内玉（*optica*）............ 22, 37, 43, 70, 121~122, <u>162~163</u>, **171**

    '红大内'（'Rubra'）............ 42, **46**, 156, <u>163~164</u>, **171**

    "多纹型"（"Maculate form"）............ <u>162</u>, **171**

大津绘玉（*otzeniana*）............ **19**, 37, 57, 70, 95, <u>164~165</u>, **171**, 193

    '海蓝宝石'（'Aquamarine'）............ <u>165</u>, **171**

曲玉（*pseudotruncatella*）

.........9, **11**, 18, 22, 42, 44, **46**, **52**, 60, 63, 70, 93, 112, <u>166</u>, 167, <u>168~169</u>, **169**, <u>170</u>, **172**, 185~187, 199

    '白花'（'Albiflora'）.......................... <u>170</u>

    '豌豆瓣'（'Split Pea'）...................... <u>170</u>, **174**

    "春雏玉型"（"*alpina*"）............ 22, **52**, <u>166</u>, <u>170</u>, **172**

    "红春雏型"（"红玉型" × "春雏玉型"）["*malpina*"（"*mundtii*"×"*alpina*"）]

                                         <u>170</u>, **172**

    "红玉型"（"*mundtii*"）............ <u>166</u>, <u>169~170</u>, **172**

    "浅色型"（"Pallid form"）............ **31**, <u>166</u>, <u>170</u>, **172**

拱月玉亚种（*pseudotruncatella* subsp. *archerae*）............ 70, <u>167~169</u>, **173**

瑞光玉亚种（*pseudotruncatella* subsp. *dendritica*）............ 75, 110, 114, <u>167~169</u>, **173**

"琅玕玉型"（"*farinosa*"）················· 114, <u>167</u>, <u>169</u>, **173**

"福音玉型"（"*pulmonuncula*"）················· <u>169</u>, **173**

藏人玉亚种（*pseudotruncatella* subsp. *groendrayensis*）········· <u>168</u>, <u>174</u>, 187

玛瑙玉变种（*pseudotruncatella* subsp. *pseudotruncatella* var. *elisabethiae*）

················· 30, 70, <u>166</u>, <u>168</u>~<u>170</u>, **176**

白蜡石变种（*pseudotruncatella* subsp. *pseudotruncatella* var. *riehmerae*）····· <u>167</u>~<u>170</u>, **173**

宝贵玉亚种（*pseudotruncatella* subsp. *volkii*）················· 114, <u>168</u>~<u>170</u>, **174**

留蝶玉（*ruschiorum*）················· 15, **39**, 70, 154, <u>175</u>~**177**, 187

"小型"（"*nelii*"）················· <u>175</u>, 176, **177**

"斯蒂普尔曼型"（"*stiepelmannii*"）················· <u>175</u>

线留蝶玉变种（*ruschiorum* var. *lineata*）················· <u>175</u>, **177**

李夫人玉（*salicola*）········· 38, 70, 80, 117, <u>178</u>, 179, 193, **199**, 205

'酒神'（'Bacchus'）················· 42, 179, <u>205</u>

'孔雀石'（'Malachite'）················· 132, 179, 214

"多纹型"（"Maculate form"）················· 179

"网纹型"（"var. *reticulata*"）················· <u>117</u>

招福玉（*schwantesii*）················· 28, 58, 70~71, <u>180</u>~**183**

'蓝月'（'Blue Moon'）················· <u>183</u>, **185**

'线'（'Nutwerk'）················· <u>183</u>

"灰色型"（"Grey form"）················· <u>183</u>

"威廉玉型"（"*gulielmi*"）················· 138, <u>180</u>, <u>183</u>

"大公爵玉型"（"*triebneri*"）················· <u>180</u>, <u>183</u>

盖瑟玉亚种（*schwantesii* subsp. *gebseri*）················· <u>181</u>~<u>182</u>, **185**

绚烂玉变种（*schwantesii* subsp. *schwantesii* var. *marthae*）········· <u>180</u>, <u>182</u>~<u>183</u>, **184**

黑曜石变种（*schwantesii* subsp. *schwantesii* var. *rugosa*）········· <u>181</u>~<u>183</u>, **184**

碧胧玉变种（*schwantesii* subsp. *schwantesii* var. *urikosensis*）········· <u>181</u>, <u>183</u>, **184**, 205~206

"网胧玉"（"*nutupsdriftensis*"）················· <u>181</u>, <u>183</u>, 206

神秘玉（*hemetica*；sp. aff. *Gesineae* SH2003[1]）········· <u>109</u>, **110**, <u>202</u>, **207**

翠娥玉（× *steineckeana*）········· 8, 44, 65, <u>185</u>~<u>186</u>, **188**, <u>246</u>~<u>247</u>

---

1 sp: 表示该标本株属于生石花属，但不确认是不是新的种；aff: 表示这个标本株和源氏玉很像，
但是不确定是源氏玉。最后确认为一个新种神秘玉。——译注

碧赐玉（*vallis-mariae*）·········· 35, 66, 70, 176, <u>186~187</u>, **189**

  '谷间少女'（'Valley Girl'）·········· 9, <u>187</u>

  "丸雅玉变种"（" *var. margarethae* "）·········· <u>187</u>, **189**

朝贡玉（*verruculosa*）····· 11, **21**, 30, 34, 57, 64~65, 70, **72**, 80, <u>189~191</u>, 192~193, **197**, 212

  '得州玫瑰'（'Rose of Texas'）·········· **12**, <u>191</u>, **197**

  '铜锈'（'Verdigris'）·········· <u>191</u>, **197**

茯苓玉变种（*verruculosa* var. *glabra*）·········· 190~191, **197**

曰典玉（*villetii*）·········· 70, <u>192~194</u>, **198**

传法玉亚种（*villetii* subsp. *deboeri*）·········· 192~194, **198**, 213~214

见霓玉亚种（*villetii* subsp. *kennedyi*）·········· 117~118, <u>193~194</u>, **198**, 213

美梨玉（*viridis*）·········· 7, 35, 70, 95, 165, <u>194~195</u>, **198**, 213

云映玉（*werneri*）·········· 16, **38**, 70, 75, 169, <u>195~196</u>, **198**

生石花的商业来源

生石花的商业来源不言而喻——在《英国仙人掌和多肉植物》杂志的封底有一整版的广告；但是值得一提的是番杏研究小组（Mesemb Study Group, MSG），这个机构每年都发布很多生石花和其他番杏科植物的种子售卖信息。MSG 还有一个季刊，我们可以通过这个刊物了解最新的信息。MSG 的联系方式如下：Suzanne Mace, Brenfield, Bolney Road, Ansty, West Sussex, RH17 5AW United Kindom; E-mail: msg@mace.demon.co.uk; 电话：01444 441193。我想提一下，收集生石花植株最好的途径就是通过不断增长的朋友圈，这也是人们乐意加入 MSG 和 BCSS 的原因吧。事实上，这些业余种植者都种得很好，而且他们的植株的价格也非常合适（当他们收费时），因此他们有着永久的低价市场。同时，这还有利于生石花的数量增加，因为个人种植者往往会比规模化种植者更加仔细和精心地管理生石花。我常常疑惑生石花的市场价格到底是多少。为什么一个新的水仙花品种可以卖到 5 英镑，或者一个兰科的超级杂交品种可以卖到 15 英镑，而本质一样的，可爱的 5 年生的生石花只能卖到 40

便士！在美国，生石花批发价只有 17 美分一头（！），零售也只有 2~5 美元。如果说理性的定价是根据植物的稀缺性和栽培难易程度来决定的话，那么'哈默红宝石'应该值很多钱。事实上，所有的生石花的种植都没有真正意义上的困难，稀缺的情况是很少的——低价格的好处就是让人们容易得到这些植株。更进一步说，高价当然可以鼓励人们收集的意愿，振兴市场，就像最近的瓦苇属（亦称十二卷属）一样。

开心的编后记

我最喜欢尼尔的书中的一张照片（p.8），在这张照片上，德波尔仿佛坐在一张看不见的椅子上，左手在平静地给一盆品相完美的生石花授粉。他全神贯注的脸上带着一丝警觉。另一张德波尔的自拍照片出现在雅各布森的手册上（图 1428），在照片上，他挂着温和的、"蒙娜丽莎"[1]似的自豪的笑容，身上穿着三件套西服，和他那难以置信地整洁的温室融为一体。他的表情是平静的、放松的，并有着顽童般的活泼。这两张肖像都是荷兰历史悠久的传统的心理自画像的最新表达形式。德波尔，一位伟大的植物艺术家，认为生石花是值得终其一生奋斗的事业，并选择去记录这个事实。他对那些如此微小的和貌不惊人的植物有着深厚感情，而这种感情对他而言没有什么可以奇怪的。

生石花不是总能给它的主人带来平静。对一些人来说，它仅仅就像石头一样，并或多或少地成为旷日持久的命名权争夺赛的武器。或者导致了一些人家庭生活不和谐（爱生石花就像是有外遇一样）。幸运的是，对大多数人而言，离这些冲突还很遥远。生石花使许多陌生的、有此共同爱好的人团结在了一起，而仅仅导致少数人的冲突。在世界范围内，有着成千上万的生石花爱好者，他们大多数都有着一触即发的、巨大的和令人感动的热情。我很高兴能给这些人一些新的知识，更多新的知识我正在学习过程中。

---

1 原文 Mona Lithops，是根据 Mona Lisa 造词的。意思是像蒙娜丽莎似的。——译注

生石花收藏确实面临着消亡的残酷现实。许多著名的生石花收藏的数量随着收集并使之兴旺的收集者的去世而减少。但是一旦有人在收集者去世后1~2年内接手这些植株，那么这些植株就会获得重生。很少有完美地完成这个衔接过程的例子，虽然我知道有一部分生石花收藏成功地完成了这个衔接过程。如：苏珊娜·梅斯经常向我展示一些迷人的、漂亮的寿丽玉植株，她是从道格拉斯·胡斯（Douglas Huth）的遗产中获得的，很明显，道格拉斯·胡斯有很高的品位。我们经常说，世界上没有两个相同的生石花，但是胡斯的生石花与大多数的生石花更加不同。胡斯的植株现在带着他的印记变成了带着独特的苏珊娜风格的植株了。

我们长期以来一直珍视的生石花收藏对野生种群有影响吗？是的，有影响，它们在不断地提醒我们保护这些野生种群的必要性。同时，这也有助于野生种群的保护，因为生石花收藏品的高繁殖系数使得我们没有必要再去野外采集。从一方面看，生石花是脆弱的、可爱的珍宝，可以激发人们最微妙和最色彩斑斓的幻想。但从另一个不好的方面看，有时它们就像老去的腐烂的生菜叶子一样任人丢弃，然而公平地说，我们人类不也是如此吗？对自然界的尊重需要全心全意的诚挚。

英国仙人掌和多肉植物协会

　　BCSS 成立的目标是：推进公众对于仙人掌和其他多肉植物的学习、栽培和繁殖。促进这些植物在园艺或者野生条件下的保存。BCSS 的会员是对所有人开放的。

　　协会安排会议、展览、课程以及一些收藏品的展示和参观。它有一个季刊和年度图书 *Bradleya*。这些刊物中载有较长的和较有技术含量的文章；所有的刊物都是彩印的。同时还有一个年度种子发布会。

　　这个协会是在 1983 年成立的，由英国两个主要的仙人掌和多肉植物协会合并而成，即国家仙人掌和多肉植物协会[1]、大不列颠仙人掌和多肉植物协会[2]，这两个协会都是历史悠久的。

　　BCSS 的会员来自 4000 个地区，涵盖了窗台养殖的新手到专家。协会在英国和爱尔兰共和国有将近 100 个分支，在这里，每年都会举办专题会议。除了英国和爱尔兰，在国外也有很多会员。

　　这是 BCSS 会员撰写的众多书籍中的一本，作者在书中分享他在种植和收集多肉植物上的经验——针对一些普遍存在的，但是不那么被人了解的品种。

1　即 National Cactus & Succulent Society。——译注
2　即 Cactus & Succulent Society of Great Britain。——译注

图书在版编目(CIP)数据

大地上的宝石:生石花的秘密/(美)史蒂文·哈默著;
(美)克里斯托弗·巴恩希尔摄影;孙祖光译.—北京:
商务印书馆,2021(2022.7重印)
ISBN 978-7-100-19753-3

I.①大… Ⅱ.①史…②克…③孙… Ⅲ.①番杏科—
多浆植物—观赏园艺—图集 Ⅳ.①S682.33-64

中国版本图书馆 CIP 数据核字(2021)第 058077 号

大地上的宝石:生石花的秘密

〔美〕史蒂文·哈默 著

〔美〕克里斯托弗·巴恩希尔 摄影

孙祖光 译 杨明烽 审校

商 务 印 书 馆 出 版
(北京王府井大街36号 邮政编码100710)
商 务 印 书 馆 发 行
北京雅昌艺术印刷有限公司印刷
ISBN 978-7-100-19753-3
审 图 号: GS (2021) 3047 号

2021年7月第1版 开本889×1194 1/32
2022年7月北京第2次印刷 印张8½
定价:68.00 元